GÜNTHER WILDENHAIN

POTENTIALTHEORIE LINEARER ELLIPTISCHER DIFFERENTIALGLEICHUNGEN BELIEBIGER ORDNUNG

AKADEMIE-VERLAG · BERLIN ·
1968

Institut für Reine Mathematik, 1199 Berlin, Rudower Chaussee 5
Erschienen im Akademie-Verlag GmbH, 108 Berlin, Leipziger Straße 3—4

Lizenznummer: 202 · 100/563/68
Gesamtherstellung: VEB Druckerei „Thomas Müntzer", 582 Bad Langensalza
Bestellnummer: 2069/A/5 · ES 19 B 4
16,—

VORWORT

Die vorliegende Schrift ist der Übertragung potentialtheoretischer Begriffsbildungen und Ergebnisse auf elliptische Differentialgleichungen höherer Ordnung gewidmet. Die Thematik ist durch den Kapazitätsbegriff, das Balayage-Prinzip und das Dirichletsche Problem geprägt. Es besteht ein unmittelbarer Zusammenhang mit der im Kapitel II der Monographie von G. Anger [5] entwickelten allgemeinen Kerntheorie, der in einer viele Jahre zurückreichenden wissenschaftlichen Zusammenarbeit begründet ist. Diese Zusammenarbeit war sehr fruchtbar und für mich persönlich außerordentlich wertvoll. Ich möchte deshalb an dieser Stelle Herrn Dr. G. Anger für die zahlreichen fachlichen Anregungen und darüber hinaus für die uneigennützige Unterstützung und Förderung, die er mir stets zuteil werden ließ, meinen wärmsten und aufrichtigsten Dank zum Ausdruck bringen.

Da die Einleitung einen ausführlichen Überblick über den Inhalt der Arbeit gibt, seien hier nur einige Bemerkungen zur äußeren Form gemacht. Die Formeln, Sätze, Hilfssätze usw. sind in jedem Paragraphen gesondert numeriert. Auch im Literaturverzeichnis ist die Numerierung für jeden Autor getrennt durchgeführt. Bei Verweisen auf eigene Arbeiten ist der Name stets weggelassen. Das Ende eines Beweises ist stets durch das Zeichen □ markiert. Außer dem Literaturverzeichnis befinden sich am Schluß der Arbeit ein Sach- und ein Symbolverzeichnis. Es sind jeweils die Seitenzahlen angegeben, wo die entsprechenden Begriffe und Symbole erstmals auftreten.

Ein Teil der Ergebnisse von § 8 und § 9, Abschnitt 1 (in der schwächeren Fassung von § 10), für den Spezialfall der Bipotentialgleichung in der Ebene bzw. die Resultate von § 5, Abschnitt 3, sind bereits in [7] bzw. [6] veröffentlicht. In [8] findet man (ohne Beweise) eine kurze Zusammenfassung der Verallgemeinerungen der Ergebnisse von [7] auf den Fall der polyharmonischen Differentialgleichung.

Die vorliegende Schrift stellt eine im wesentlichen unveränderte Fassung der von der Fakultät für Mathematik und Naturwissenschaften der TU Dresden als Habilitationsschrift angenommenen Arbeit dar. In diesem Zusammenhang möchte ich den Referenten, Herrn Prof. Dr. P. H. Müller, Dresden, Herrn Prof. Dr. K. Maurin, Warschau, und Herrn Prof. Dr. H. Langer, Dresden, für ihre Mühe herzlich danken. Besonderer Dank gebührt Herrn Prof. Dr. P. H. MÜLLER dafür, daß er schon seit längerer Zeit dem vorliegenden Ideenkreis sein Interesse und seine Unterstützung entgegengebracht hat. Von Herrn Prof. Dr. H. LANGER stammen einige kritische Bemerkungen und Verbesserungsvorschläge, die hier berücksichtigt wurden. Dafür sei ihm ebenfalls besonders gedankt.

Berlin, im Frühjahr 1968

G. WILDENHAIN

INHALTSVERZEICHNIS

§ 1. Einleitung

Der inhaltliche Kern der vorliegenden Untersuchungen ist das klassische DIRICHLETsche Problem bei linearen elliptischen Differentialgleichungen. Es sei

$$\mathcal{L} = \sum_{|\alpha| \leqq 2m} a_\alpha(x) D^\alpha$$

$\left(\alpha = (\alpha_1, \ldots, \alpha_n),\ \alpha_i \geqq 0 \text{ ganz};\ |\alpha| = \alpha_1 + \cdots + \alpha_n,\ D^\alpha = \dfrac{\partial^{|\alpha|}}{\partial x_1^{\alpha_1} \ldots \partial x_n^{\alpha_n}}\right)$ ein linearer elliptischer Differentialoperator der Ordnung $2m$ mit hinreichend glatten Koeffizienten $a_\alpha(x)$ $\left(x = (x_1, \ldots, x_n) \in R^n,\ R^n\ n\text{-dimensionaler euklidischer Raum}\right)$, $\Omega \subset R^n$ eine offene, beschränkte, zusammenhängende Menge und K der Rand von Ω. Ist jedem α mit $|\alpha| \leqq m - 1$ eine auf K definierte und stetige Funktion f_α zugeordnet, so wird das System $\dot{f} = \{f_\alpha\}$ aller dieser Funktionen als ein auf K definiertes W-TAYLOR-Feld der Ordnung $m - 1$ bezeichnet, falls eine im R^n erklärte, $(m - 1)$-mal stetig differenzierbare Funktion v existiert mit

$$D^\alpha v(x) = f_\alpha(x) \text{ für alle } \alpha \text{ und alle } x \in K\,.$$

Man sagt, daß W-TAYLOR-Feld $\dot{f}$ wird durch v induziert. Dem klassischen DIRICHLETschen Problem bezüglich $\mathcal{L}$ und Ω kann dann die folgende Fassung gegeben werden.

Auf K sei ein W-TAYLOR-Feld $\dot{f}$ der Ordnung $m - 1$ vorgegeben. Gesucht ist eine Funktion u, die in Ω der Gleichung

$$\mathcal{L}[u] = 0$$

genügt, nebst allen partiellen Ableitungen bis einschließlich der Ordnung $m - 1$ im abgeschlossenen Gebiet $\bar{\Omega} = \Omega \cup K$ stetig ist und auf K das W-TAYLOR-Feld $\dot{f}$ induziert.

Diese Formulierung hat gegenüber der allgemein üblichen klassischen Formulierung mit Hilfe von Normalableitungen den Vorzug, daß sie von der Struktur des Randes unabhängig ist und deshalb auch für nicht glatte Ränder ausgesprochen werden kann. Im Falle $m = 1$ (also zum Beispiel für die Potentialgleichung) unterscheiden sich diese beiden Fassungen nicht. Wir stellen uns in dieser Arbeit, wie bereits in [3], [4], [7], [8] auf den Standpunkt der W-TAYLOR-Felder. Hinsichtlich größtmöglicher Allgemeinheit bezüglich des Gebietes Ω kann der gesamte Fragenkomplex um das obige Randwertproblem bisher nur für die Potentialgleichung $\Delta u = 0$ und eine gewisse Klasse linearer elliptischer Differentialgleichungen 2. Ordnung als vollständig geklärt angesehen werden. Der Grund hierfür ist darin zu suchen, daß für $m = 1$ unter den Randwerten keine Ableitungen auftreten und man deshalb in der Maßtheorie ein ausreichendes methodisches Hilfsmittel zur Verfügung hat. In diesem Zusammenhang ist es interessant zu erwähnen, daß im Studium des DIRICHLETschen Problems der Potentialgleichung zahlreiche Methoden und Theorien der Analysis ihren Ausgangspunkt haben. Wir erinnern an die FREDHOLMsche Integralgleichungstheorie, die direkten Methoden der Variationsrechnung und die damit eng verwandten HILBERTraum-Methoden. In der klassischen Potentialtheorie wird das DIRICHLETsche Problem (zum Beispiel mit Hilfe der FREDHOLMschen Theorie und der Theorie der Potentiale der einfachen und der Doppelschicht) für Gebiete mit glatten Rändern gelöst (vgl. N. M. GÜNTER [1]). Die moderne Potentialtheorie, die etwa durch die Benutzung der allgemeinen Maßtheorie charakterisiert werden kann, bildete wesentlich verfeinerte Hilfsmittel und Begriffsbildungen aus, die es ermöglichten, das Problem für beliebige Gebiete zu studieren. Da es in diesem Fall nicht immer im obigen Sinne lösbar ist, führte man verallgemeinerte Lösungen sowie reguläre und irreguläre Randpunkte ein. Wir erinnern weiter an die sub- und superharmonischen Funktionen, den Kapazitätsbegriff, die polaren Mengen und das Balayage-Prinzip (man vgl. O. D. KELLOGG [1], CH.-J. DE LA VALLÉE POUSSIN [1], M. BRELOT [1], N. S. LANDKOFF [1]). Alle diese Begriffsbildungen, ursprünglich am Beispiel der Potentialgleichung entstanden, sind in den letzten 15 Jahren (unabhängig vom DIRICHLETschen Problem) immer mehr zum Gegenstand selbständiger axiomatischer Strukturuntersuchungen innerhalb sogenannter allgemeiner Kerntheorien geworden (G. ANGER [5], Kapitel I; H. BAUER [1], M. BRELOT [2], B. FUGLEDE [1], R.-M. HERVÉ [1] u. a.). Diese sind auf gewisse Klassen elliptischer Differentialgleichungen 2. Ordnung anwendbar. Als die am weitesten entwickelten axiomatischen Theorien müssen erstens die ausschließlich für elliptische Operatoren 2. Ordnung geltende Axiomatik von M. BRELOT und zweitens die Axiomatik von H. BAUER hervorgehoben werden, welche die parabolischen Differentialgleichungen 2. Ordnung mit erfaßt. Allen diesen Theorien liegt das Maximum-Minimum-Prinzip der harmonischen Funktionen zugrunde bzw. die Eigenschaft, daß aus positiven Randwerten die Positivität der Lösung im Innern folgt. Bei elliptischen Differentialgleichungen höherer Ordnung gelten diese Eigenschaften nicht, weshalb in jenem Falle die hochentwickelten potentialtheoretischen Hilfsmittel nicht mehr zur Verfügung stehen. Man ist hier beim Studium des DIRICHLETschen Problems auf Integralgleichungs- und Variationsmethoden sowie die daraus entstandenen HILBERTraum-Methoden angewiesen (man vergleiche S. L. SOBOLEW [1], L. GARDING [1], L. NIRENBERG [1], J. L. LIONS [1], L. BERS und M. SCHECHTER [1], S. AGMON [1], J. M. BEREZANSKIJ [1] u. a.). Der damit erzielte Stand der Theorie läßt sich etwa folgendermaßen charakterisieren.

1. Unter recht allgemeinen Voraussetzungen an die Koeffizienten von $\mathcal{L}$ kennt man für beliebige Gebiete Ω Existenzaussagen für das DIRICHLETsche Problem, wobei allerdings die Annahme der Randwerte (auch im Falle konstanter Koeffizienten) nur in einem verallgemeinerten Sinne gezeigt wurde.

2. Unter starken Voraussetzungen an die Koeffizienten und den Rand des Gebietes wurde (im wesentlichen unter Benutzung der SOBOLEWschen Einbettungssätze) auch die strenge Randwertannahme bewiesen.

Die Entwicklung in dieser Richtung zeigt aber, daß im Hinblick auf eine (analog der Potentialgleichung) erschöpfende Klärung des Problemkreises dieser Methode eine natürliche Schranke gesetzt zu sein scheint. Beispielsweise sind für $m > 1$ keinerlei Ansatzpunkte zur Definition von regulären und irregulären Randpunkten bekannt. Charakteristisch für die HILBERTraum-Methoden ist die Tatsache, daß oft bezüglich der Randfunktionen zusätzliche Annahmen gemacht werden müssen, die jedoch nicht in der Natur der Problemstellung begründet sind. Man vergleiche in diesem Zusammenhang die Bemerkungen bei A. N. MILGRAM [1], S. 338.

Aus dem Gesagten geht hervor, daß es wünschenswert ist, im Falle $m > 1$ nach neuen Wegen zur Behandlung des DIRICHLETschen Problems zu suchen. Es erhebt sich die Frage, ob nicht trotz der obengenannten prinzipiellen Schwierigkeiten mittels geeigneter Verallgemeinerung der Begriffsbildungen auch bei elliptischen Differentialgleichungen höherer Ordnung ein potentialtheoretischer Zugang möglich ist. Abgesehen von einigen unveröffentlichten Untersuchungen von B. FUGLEDE, kennt der Verfasser keinerlei Ansätze in dieser Richtung.

In der vorgelegten Arbeit wird nun gezeigt, daß ein solcher Weg tatsächlich eingeschlagen werden kann. Wir verallgemeinern den Kapazitätsbegriff und die Balayage-Theorie auf elliptische Differentialgleichungen beliebiger Ordnung, wenden beides zum Studium des DIRICHLETschen Problems an und gelangen dabei bis zur Definition regulärer und irregulärer Randpunkte. Natürlich läßt sich über die Tragweite dieser Ergebnisse noch nichts Endgültiges sagen. Die Arbeit ist eine Weiterentwicklung von [3], worin speziell die Bipotentialgleichung $\Delta\Delta u = 0$ im R^2 betrachtet wurde. Die hier vorliegenden Ergebnisse gehen jedoch auch in diesem Spezialfall weit über [3] hinaus. Den Ausgangspunkt unserer Untersuchungen bilden die Arbeiten von G. ANGER [1], [2], [3], [4], [5]. Einige Resultate der in [5] entwickelten allgemeinen Kerntheorie wenden wir auf den konkreten Fall elliptischer Differentialgleichungen an. Die erwähnten Untersuchungen von B. FUGLEDE sind sowohl methodisch als auch bezüglich der Ergebnisse von den vorliegenden völlig verschieden.

Wir gehen nun dazu über, den Inhalt im einzelnen zu erläutern. Mit Ausnahme der §§ 7 und 12 betrachten wir nur Differentialoperatoren mit reellen konstanten Koeffizienten. Ausgangspunkt ist eine Fundamentallösung $G(x)$ des Operators $\mathscr{L}$ und der damit im Produktraum $R^n \times R^n$ erklärte Kern $\Phi(x, y) := G(x - y)$. Die Fundamentallösung ist durch die (im Sinne der Distributionentheorie aufzufassende) Gleichung

$$\mathscr{L}[G] = \delta$$

(δ DIRACsches Maß im Koordinatenursprung) definiert (L. SCHWARTZ [1], I. M. GELFAND u. G. E. SCHILOW [1]). Sie existiert (nach L. EHRENPREIS [1], B. MALGRANGE [1], F. TRÈVES [1] und L. HÖRMANDER [1] sogar für beliebige lineare Differentialoperatoren mit konstanten Koeffizienten), ist im hier betrachteten Fall lokalintegrierbar, außerhalb $x = 0$ analytisch und bis auf eine Lösung der Gleichung $\mathscr{L}[u] = 0$ eindeutig bestimmt. Bei F. JOHN [1], [2] wird für elliptische Operatoren in eindeutiger Weise eine in konkreter Form darstellbare Fundamentallösung konstruiert, die wir hier zugrunde legen. In der Potentialtheorie elliptischer Differentialgleichungen 2. Ordnung bildet man Potentiale bezüglich eines Maßes. Wir verallgemeinern diesen Begriff, indem wir die zu einem Operator der Ordnung $2m$ gehörigen Potentiale als Faltungsprodukte der Fundamentallösung dieses Operators mit Distributionen der Ordnung $m - 1$ einführen. Auf der Grundlage dieses Potentialbegriffs werden in den §§ 8—11 das DIRICHLETsche Problem und damit verwandte Fragestellungen studiert. Wir bauen dabei methodisch entscheidend auf der vorher entwickelten Kapazitätstheorie auf. Die Arbeit zerfällt also, abgesehen von dem vorbereitenden § 2, inhaltlich in zwei Teile, das ist erstens die Kapazitätstheorie (§§ 3—7) und zweitens deren Anwendung zum Studium des Balayage-Prinzips und des DIRICHLETschen Problems (§§ 8—12). Als Nahtstelle zwischen diesen beiden Komplexen kann der § 6 angesehen werden.

Der Potentialdefinition in § 3 folgt die Einführung des Kapazitätsbegriffs in § 4. Hierzu benutzt man eine in gewisser Weise (vgl. Definition 4.1) ausgezeichnete, vom Kern Φ abhängige Menge $F^+(\Phi)$ positiver Maße mit kompaktem Träger. Damit wird die sogenannte Φ-Kapazität $\mathfrak{C}_\Phi(K)$ als Supremum der Zahlen $\lambda(K)$ definiert, wobei λ alle Maße aus $F^+(\Phi)$ durchläuft, deren Träger $\operatorname{supp} \lambda$ in K enthalten ist und die außerdem noch einer gewissen Normierungsbedingung genügen (vgl. Definition 4.2). Die Φ-Kapazität $\mathfrak{C}_\Phi(B)$ einer beliebigen Teilmenge des R^n wird als Supremum der Φ-Kapazitäten $\mathfrak{C}_\Phi(K)$ aller kompakten Mengen $K \subset B$ erklärt. Diese Definition wurde von G. ANGER [1] zuerst für die Potentialgleichung angegeben. In diesem Fall ist sie zu der klassischen Definition der inneren Kapazität äquivalent (vgl. G. ANGER [5]). Eine im R^n erklärte Funktion V heiße Φ-meßbar, wenn sie für alle $\lambda \in F^+(\Phi)$ meßbar ist. Es gilt (Satz 4.2):

V sei eine Φ-meßbare Funktion. Dann ist „$V = 0$ a. ü. im R^n“ äquivalent zu „$\int V(x)\, d\lambda(x) = 0$ für alle $\lambda \in F^+(\Phi)$“.

A. ü. (annähernd überall) bedeutet dabei „überall, mit Ausnahme einer Menge der Kapazität Null.“ Bekanntlich kommt bei der Potentialgleichung den Mengen der Kapazität Null als Ausnahme- oder Nullmengen sowohl beweistechnisch als auch in der Formulierung der Resultate eine zentrale Bedeutung zu. Das gilt auch in unserem Falle. Deshalb untersuchen wir in § 5 ausschließlich die Mengen der Kapazität Null. Wir beweisen, daß für n ungerade bzw. $n = 2$ für eine Menge $B \subset R^n$ aus $\mathfrak{C}_\Phi(B) = 0$ stets $\mathfrak{C}_{\Phi_P}(B) = 0$ folgt (Satz 5.1), wobei Φ_P den Kern der Potentialgleichung bezeichnet. Die zu Φ gehörigen Nullmengen sind also in diesen Fällen nicht „gröber“, sondern höchstens noch „feiner“ als die klassischen Mengen der inneren Kapazität Null bei der Potentialgleichung. Im Falle $\mathcal{L} = \Delta^m$ (m-fach iterierter LAPLACE-Operator) bzw. falls $\mathcal{L}$ eine Zerlegung $\mathcal{L} = \Delta \mathcal{L}_1$ besitzt, kann sogar bewiesen werden, daß die Mengen der Kapazität Null mit diesen zusammenfallen (Sätze 5.3 und 5.4), und zwar bei $\mathcal{L} = \Delta^m$ für beliebiges n. Es liegt natürlich die Vermutung nahe, daß dies auch im allgemeinen Fall richtig ist. Die Mengen der Φ-Kapazität Null sind stets „feiner“ als die LEBESGUEschen Nullmengen (Bemerkung 5.1).

Es sei $F(\Phi)$ der aus $F^+(\Phi)$ erzeugte Vektorraum. Wir betrachten dann in § 6 den Raum $H(\Phi)$ aller Potentiale

$$\Phi \lambda(x) = \int \Phi(x, y)\, d\lambda(y) \quad \big(\lambda \in F(\Phi)\big)$$

und zeigen, daß diese $(2m - 2)$-mal stetig differenzierbar sind und die Differentiation unter dem Integralzeichen ausführbar ist (Satz 6.1). Dabei ist für $n = 2$ eine Voraussetzung an den Kern Φ zu machen, die wir in allen darauf aufbauenden Überlegungen (§§ 8—12) beibehalten. Diese Voraussetzung ist zum Beispiel für $\mathcal{L} = \Delta^m$ erfüllt. Weiter wird bewiesen, daß ein gewisser Teilraum von $H(\Phi)$ bezüglich der Topologie der gleichmäßigen Konvergenz (C^k-Norm) in $C_0^k(R^n)$ $(0 \leqq k \leqq 2m - 2)$ dicht liegt (Satz 6.2). $C_0^k(R^n)$ ist der Raum der k-mal stetig differenzierbaren Funktionen mit kompaktem Träger.

Die Sätze 4.2, 6.1 und 6.2 bilden die Grundlage für die Anwendung unserer Kapazitätstheorie im Verlauf der Arbeit.

Als fundamentale methodische Hilfsmittel benutzen wir im zweiten Teil ferner gewisse Räume stetig differenzierbarer Funktionen und Räume von W-Taylor-Feldern bzw. ihre dualen Räume, d. h. Distributionen endlicher Ordnung. Die wichtigsten Resultate der Theorie der W-Taylor-Felder sind ohne Beweise in § 2 zusammengestellt. Zum Verständnis des Folgenden skizzieren wir einige Gesichtspunkte daraus. Mit $W^l(K)$ soll der (von H. Whitney [1] und G. Glaeser [1] untersuchte) Raum der auf der kompakten Menge K definierten W-Taylor-Felder der Ordnung l bezeichnet werden. $K_0 \subset R^n$ sei eine K im Innern enthaltende Kugel, $C^l(K_0)$ der Raum der in K_0 definierten, bis an den Rand l-mal stetig differenzierbaren Funktionen und $J^l(K) \subset C^l(K_0)$ der Teilraum der Funktionen $f \in C^l(K_0)$ mit $D^\alpha f(x) = 0$ für alle $x \in K$ und $|\alpha| \leqq l$. Dann kann $W^l(K)$ mit $C^l(K_0)/J^l(K)$ identifiziert werden. Versieht man $C^l(K_0)/J^l(K)$ (und damit $W^l(K)$) mit der üblichen Quotientenraumnorm, so folgert man [2], daß der duale Raum zu $W^l(K)$ mit dem Raum der Distributionen L der Ordnung l und supp $L \subset K$ identisch ist. Nach [1], [2] (vgl. auch [3], [11]) sind diese Distributionen durch Maße μ_α bzw. ν_α mit supp $\mu_\alpha \subset K$ bzw. supp $\nu_\alpha \subset K \times K$ darstellbar. Und zwar gilt (Satz 2.1)

$$L(f) = \sum_{|\alpha| \leqq l} \int D^\alpha f \, d\mu_\alpha + \text{Zusatzglieder}. \tag{1.1}$$

In den Zusatzgliedern treten die Maße ν_α auf. Diese fehlen, falls K vom Typ C_l ist. Darunter fallen zum Beispiel alle stückweise im Whitneyschen Sinne regulären Randkurven (vgl. H. Whitney [2], G. Glaeser [1]). Wir geben in § 11 ein Beispiel eines beschränkten, einfach zusammenhängenden Gebietes im R^3 an, welches einen bezüglich der Potentialgleichung irregulären Randpunkt besitzt und dessen Rand K für jedes l eine Menge vom Typ C_l ist. Die Formel (1.1) ist eine Verschärfung eines Satzes von L. Schwartz [1], S. 91, wonach jede Distribution L der Ordnung l mit kompaktem Träger supp L in der Gestalt (1.1) (ohne Zusatzglieder) dargestellt werden kann und die Träger der Maße μ_α in einer beliebig vorgegebenen Umgebung von supp L enthalten sind. Für unsere Anwendungen ist $l = m - 1$, und wir werden stets voraussetzen, daß K vom Typ C_{m-1} ist. Durch die vorstehenden Ausführungen gerechtfertigt, werden wir von § 8 an mit Systemen $L = L(\{\mu_\alpha\})$ $(|\alpha| \leqq m - 1)$ von Maßen mit kompaktem Träger arbeiten. Die Potentiale bzw. die sogenannten adjungierten Potentiale des Kernes Φ bezüglich eines solchen Systems L haben damit die Form

$$\Phi L = \sum_{|\alpha| \leqq m-1} \int (D^\alpha \Phi)(x, y) \, d\mu_\alpha(y)$$

bzw.

$$\Phi^* L = \sum_{|\alpha| \leq m-1} \int (D^\alpha \Phi)(y, x) \, d\mu_\alpha(y) .$$

Die Differentiation D^α bezieht sich stets auf die erste Variable. Es werden speziell Systeme $L = L(\{\lambda_\alpha\})$ mit $\lambda_\alpha \in F(\Phi)$ und die hierdurch erzeugten Räume von (nach Satz 6.1) $(m - 1)$-mal stetig differenzierbaren Potentialen betrachtet. Nach Satz 6.2 gibt es „hinreichend viele“ derartiger Potentiale. Zum Studium des DIRICHLETschen Problems bezüglich des Gebietes Ω benutzen wir Systeme $L = L(\{\lambda_\alpha\})$ mit $\operatorname{supp} \lambda_\alpha \subset R^n \setminus \Omega$. Hierin liegt ein wesentlicher Fortschritt gegenüber [3], wo nur die Maße λ_α mit $\operatorname{supp} \lambda_\alpha \subset K$ berücksichtigt werden.

Im § 8 wenden wir einige Resultate der von G. ANGER [4] entwickelten abstrakten Theorie des Balayage-Prinzips für normierte Räume an und gelangen so zum Begriff der Balayage einer Distribution der Ordnung $m - 1$ vom Innern auf den Rand des Gebietes Ω (Satz 8.2). Der § 8 enthält außerdem eine Reihe damit zusammenhängender Eigenschaften. Die Balayage von Distributionen ist eine echte Verallgemeinerung des klassischen Begriffs der Balayage von Maßen und steht, wie aus den Darlegungen in § 9 hervorgeht, in einem den Verhältnissen bei der Potentialgleichung völlig analogen Zusammenhang zum DIRICHLETschen Problem bei elliptischen Differentialgleichungen höherer Ordnung. In den §§ 8 und 9 wird vom Differentialoperator $\mathscr{L}$ vorausgesetzt, daß er formal selbstadjungiert ist. Daraus folgt nämlich, daß auch die adjungierten Potentiale außerhalb des Trägers der erzeugenden Distributionen der Differentialgleichung $\mathscr{L}[u] = 0$ genügen. Deshalb enthalten die Räume stetig differenzierbarer Potentiale, mit denen wir hier arbeiten, gegenüber [3] wesentlich „mehr“ Elemente, was zu Verschärfungen der Resultate von [3] sowie zu völlig neuen Ergebnissen führt.

Wie bereits zu Beginn angedeutet wurde, ist die entscheidende Eigenschaft, auf welcher sowohl die klassische als auch die moderne Potentialtheorie beruht, das Maximum-Minimum-Prinzip der harmonischen Funktionen. Für elliptische Differentialgleichungen höherer Ordnung verliert es seine Gültigkeit. Von C. MIRANDA [1], [2] und S. AGMON [2] sind jedoch für solche Gleichungen unter gewissen Voraussetzungen an Ω und die Koeffizienten der Differentialgleichung gewisse (im Text als Bedingung I formulierte) SCHAUDERabschätzungen bewiesen worden, die als Verallgemeinerung des Maximum-Minimum-Prinzips anzusehen sind. In fast allen Untersuchungen über die Balayage und das DIRICHLETsche Problem werden hier diese a-priori-Abschätzungen vorausgesetzt. Es ist zu vermuten, daß sie unter viel allgemeineren Verhältnissen gelten, als es bisher in den oben zitierten Arbeiten bewiesen ist. Der Beweis von a-priori-Abschätzungen ist jedoch außerordentlich kompliziert und ist in den letzten Jahrzehnten zu einem der Kernpunkte in der Theorie der partiellen Differentialgleichungen geworden (man vergleiche zum Beispiel S. AGMON [I]; S. AGMON, A. DOUGLIS, L. NIRENBERG [1]). Mit den in der Zukunft zu erhoffenden verfeinerten Ergebnissen über obige SCHAUDERabschätzungen wird sich auch die Tragweite der hier vorliegenden Resultate entscheiden.

Wir kommen nun zum Zusammenhang des Balayage-Prinzips mit der Lösung des DIRICHLETschen Problems. Es sei x ein Punkt aus Ω und f eine auf dem Rand K von Ω vorgegebene stetige Funktion. Dann ist die Lösung des DIRICHLETschen Problems der Potentialgleichung bezüglich Ω und f im Punkt x

durch das Integral

$$u(x) = \int f \, d\mu^x \tag{1.2}$$

gegeben, wobei μ^x das in gewisser Weise eindeutig ausgezeichnete, durch Balayage des im Punkt x gelegenen Diracschen Maßes δ_x erzeugte, sogenannte harmonische Maß bezeichnet. Wir zeigen, daß (unter gewissen Voraussetzungen) der Begriff des harmonischen Maßes und die Formel (1.2) auf den Fall der Operatoren der Ordnung $2\,m$ verallgemeinert werden können. Dies geschieht in folgender Weise. Mit $L_{x,\gamma}$ $(\gamma = (\gamma_1, \ldots, \gamma_n),\ \gamma_i \geqq 0$ ganz, $|\gamma| \leqq m - 1)$ bezeichnen wir diejenigen Distributionen $L_{x,\gamma}(\{\nu_\alpha\})$ der Ordnung $m - 1$, für die $\nu_\alpha = 0$ für $\alpha \neq \gamma$ und $\nu_\gamma = \delta_x$ gilt. Die durch Balayage von $L_{x,\gamma}$ auf den Rand K erzeugten Distributionen $\Lambda_{x,\gamma} = \Lambda_{x,\gamma}(\{\mu_\alpha^{x,\gamma}\})$ (supp $\mu_\alpha^{x,\gamma} \subset K$) übernehmen dann die Rolle der harmonischen Maße. Wir beweisen einige hinreichende Bedingungen dafür, daß das Dirichletsche Problem für beliebige Randwerte $\dot{f} = \{f_\alpha\}$ eindeutig lösbar und die Lösung u sowie die partiellen Ableitungen bis einschließlich der Ordnung $m - 1$ in der Gestalt

$$D^\gamma u(x) = \sum_{|\alpha| \leqq m-1} \int f_\alpha \, d\mu_\alpha^{x,\gamma} \tag{1.3}$$

darstellbar sind (Sätze 9.1, 9.4 und 9.6). In allen diesen Fällen sind die Distributionen $\Lambda_{x,\gamma}$ eindeutig bestimmt. Im Zusammenhang damit wird der Begriff der $\mathfrak{C}_\Phi$-Absolutstetigkeit einer Distribution eingeführt (Definition 9.1). Dabei ergibt sich, daß die Distributionen $\Lambda_{x,\gamma}$ innerhalb der Klasse der $\mathfrak{C}_\Phi$-absolutstetigen Distributionen eindeutig bestimmt sind (Satz 9.3). Dieser Satz wiederum ermöglicht (unter gewissen Voraussetzungen an $\mathcal{L}$ und Ω) die Definition von regulären und irregulären Randpunkten (Definition 9.2 und Satz 9.7). Eine große Rolle in § 9 spielt auch die als Bedingung II formulierte Eigenschaft. Es handelt sich dabei um die Dichtheit eines Raumes von auf K eingeschränkten $(m - 1)$-mal stetig differenzierbaren Potentialen im Raum $W^{m-1}(K)$. Bedingung II ist ebenfalls hinreichend für die eindeutige Bestimmtheit der Distributionen $\Lambda_{x,\gamma}$ sowie für die Lösbarkeit des Dirichletschen Problems und die Darstellbarkeit der Lösung in der Form (1.3) (Bemerkung 9.1 und Satz 9.1). Es sei noch erwähnt, daß Satz 9.5 eine notwendige Bedingung für die eindeutige Lösbarkeit des Dirichletschen Problems beinhaltet, die sich nur wenig von der hinreichenden Bedingung in Satz 9.6 unterscheidet.

§ 11 enthält Beispiele für sämtliche in den §§ 8 und 9 erzielten Resultate. Wir beziehen uns dabei fast ausschließlich auf die polyharmonische Differentialgleichung $\Delta^m u = 0$. Außerdem wird dargelegt, in welcher Weise sich die Aussagen und Begriffe im Falle der Potentialgleichung vereinfachen bzw. verschärfen lassen. Man beachte insbesondere Satz 11.3. Dieser Satz und die sich anschließenden Bemerkungen sind natürlich nicht neu (man vergleiche M. Brelot [1], N. S. Landkoff [1], G. Anger [1]). Sie bieten jedoch die Möglichkeit, die Untersuchungen der vorgelegten Arbeit mit ihrem Ausgangspunkt zu vergleichen, der andererseits gewissermaßen den in diesem Spezialfall erreichten, erstrebenswerten „Idealzustand" der Theorie darstellt.

In § 10 wird auf die Voraussetzung der formalen Selbstadjungiertheit des Operators $\mathcal{L}$ verzichtet. In diesem Falle genügen die adjungierten Potentiale nicht mehr notwendig der Differentialgleichung. Die Balayage-Theorie kann aber in modifizierter Form ebenfalls entwickelt werden, und es gelten sinngemäß die Ergebnisse von § 8 und § 9, Abschnitt 1.

Schließlich betrachten wir in den §§ 7 und 12 auch noch Differentialoperatoren mit variablen, analytischen Koeffizienten. Da nach F. John [1], [2] hier lokal stets eine Fundamentallösung mit den erforderlichen Eigenschaften existiert, gilt unsere Kapazitätstheorie lokal ohne jede Einschränkung. Auch die Balayage-Theorie und die Ergebnisse über das Dirichletsche Problem gelten lokal, allerdings unter sehr einschneidenden und nicht ohne weiteres zu verifizierenden Voraussetzungen an den Operator $\mathcal{L}$. Ungeachtet der lokalen Betrachtungsweise kann der Begriff einer Menge der Kapazität Null auch global definiert werden (Definition 7.3), wobei die Beziehung zu den Nullmengen der Potentialgleichung wie im Falle konstanter Koeffizienten erhalten bleibt (Satz 7.3). Falls die Koeffizienten $a_\alpha(x)$ ($|\alpha| = 2m$) des Hauptteiles $\mathcal{L}_0$ des Operators $\mathcal{L}$ konstant und alle übrigen Koeffizienten ganze Funktionen sind, gilt unverändert die globale Theorie der §§ 3—6. Wir bemerken noch, daß für elliptische Operatoren 2. Ordnung nach Resultaten von G. Stampacchia [1] auf die Analytizität der Koeffizienten verzichtet werden kann und daß auch hier (global) die Theorie der §§ 3—6 gültig ist.

Der abschließende § 13 enthält eine Zusammenstellung der wichtigsten offenen Problemstellungen, die sich aus der Arbeit ergeben.

§ 2. Distributionen endlicher Ordnung

1. Die Whitneysche Algebra $W^l(K)$

Es bezeichne R^n ($n \geqq 1$) den reellen n-dimensionalen euklidischen Raum, $x = (x_1, \ldots, x_n)$, $y = (y_1, \ldots, y_n)$ Punkte des R^n und $C^l(R^n)$ den Vektorraum der im R^n definierten, reellwertigen und überall l-mal stetig differenzierbaren Funktionen. Weiter seien $\alpha = (\alpha_1, \ldots, \alpha_n)$, $\beta = (\beta_1, \ldots, \beta_n)$ n-tupel nichtnegativer ganzer Zahlen, $|\alpha| = \alpha_1 + \cdots + \alpha_n$, $\beta! = \beta_1! \ldots \beta_n!$, $\alpha + \beta = (\alpha_1 + \beta_1, \ldots, \alpha_n + \beta_n)$, $(x - y)^\beta = (x_1 - y_1)^{\beta_1} \ldots (x_n - y_n)^{\beta_n}$ und $|x - y|$ der euklidische Abstand der Punkte x und y. Unter einem *Stetigkeitsmodul* wollen wir eine stetige, relle, monoton wachsende Funktion ω verstehen, die auf einem abgeschlossenen Intervall $[0, c]$ ($c > 0$) der reellen Achse erklärt ist und $\omega(0) = 0$ genügt. Für $f \in C^l(R^n)$ setzen wir zur Abkürzung

$$D^\alpha f(x) = \frac{\partial^{|\alpha|} f(x)}{\partial x_1^{\alpha_1} \ldots \partial x_n^{\alpha_n}} \quad (|\alpha| \leqq l)\,.$$

Es sei $K \subset R^n$ eine kompakte Menge. Ein System $\dot{f} = \{f_\alpha\}_{|\alpha| \leqq l}$ von $s = \sum_{k=0}^{l} n^k$ auf K definierten Funktionen werde ein Whitney*sches* Taylor-*Feld* (W-Taylor-*Feld*) der Ordnung l genannt, wenn es eine Funktion $f \in C^l(R^n)$ mit

$$D^\alpha f(x) = f_\alpha(x) \text{ für alle } x \in K \text{ und } |\alpha| \leqq l \text{ gibt.}$$

Nach H. Whitney [1] ist dafür notwendig und hinreichend, daß ein Stetigkeitsmodul ω existiert, so daß für alle α mit $|\alpha| \leqq l$ und alle $x, y \in K$ ($|x - y| < c$)

die Ungleichungen

$$\left| f_\alpha(x) - \sum_{|\beta| \leq l - |\alpha|} \frac{1}{\beta!} f_{\alpha+\beta}(y)\,(x-y)^\beta \right| \leqq |x-y|^{l-|\alpha|}\,\omega\,(|x-y|) \tag{2.1}$$

bestehen. Umgekehrt erzeugt jede Funktion $f \in C^l(R^n)$ auf K ein W-TAYLOR-Feld $\{f_\alpha\}_{|\alpha|\leq l} := \{D^\alpha f\}_{|\alpha|\leq l}$ der Ordnung l. $W^l(K)$ sei die Menge aller dieser W-TAYLOR-Felder, $\dot{f}$ bezeichne ein Element aus $W^l(K)$. Indem man die Addition und die skalare Multiplikation in naheliegender Weise komponentenweise definiert, wird $W^l(K)$ zu einem Vektorraum. Wir führen darauf verschiedene Normen ein:

$$\|\dot{f}\|_{K,l} = \sum_{|\alpha|\leqq l} \sup_{x\in K} |f_\alpha(x)|, \tag{2.2}$$

$$|||\dot{f}|||_{K,l} = \|\dot{f}\|_{K,l} + \sum_{|\alpha|\leqq l} \sup_{x,y\in K} \frac{\left| f_\alpha(x) - \sum\limits_{|\beta|\leqq l-|\alpha|} \frac{1}{\beta!} f_{\alpha+\beta}(y)\,(x-y)^\beta \right|}{|x-y|^{l-|\alpha|}}. \tag{2.3}$$

Bezüglich der Norm (2.3) ist $W^l(K)$ ein BANACH-Raum. $W^l(K)$ ist darüber hinaus (bezüglich der üblichen Multiplikation) sogar eine Algebra. Die kompakte Menge $K \subset R^n$ heiße vom *Typ* C_l, wenn auf $W^l(K)$ die Normen (2.2) und (2.3) äquivalent sind. Zwei Normen $\|\ \|_1$ und $\|\ \|_2$ heißen dabei *äquivalent*, wenn zwei Konstanten k_1 und k_2 existieren, so daß die Ungleichungen

$$\|\ \|_1 \leqq k_1 \|\ \|_2 \qquad \text{und} \qquad \|\ \|_2 \leqq k_2 \|\ \|_1$$

gelten. Nach G. GLAESER [1] kann man speziell die Mengen vom Typ C_1 in folgender Weise geometrisch charakterisieren. Eine kompakte Menge $K \subset R^n$ heißt zusammenhängend durch rektifizierbare Kurven, wenn zwei beliebige Punkte $x, y \in K$ immer durch eine ganz in K verlaufende rektifizierbare Kurve verbunden werden können. Das Infimum der Längen dieser Verbindungskurven werde die geodätische Entfernung $\widehat{xy}$ der Punkte x und y genannt. Eine durch rektifizierbare Kurven zusammenhängende kompakte Menge $K \subset R^n$ heiße *regulär im Sinne von* H. WHITNEY, wenn eine Konstante $\varrho > 0$ existiert, so daß für alle $x, y \in K$ die Ungleichung $\widehat{xy} \leqq \varrho\,|x-y|$ gilt. Eine kompakte Menge $K \subset R^n$ ist nun genau dann vom Typ C_1, wenn sie Vereinigung von endlich vielen im Sinne von H. WHITNEY regulären Mengen ist. Für $l > 1$ ist diese Bedingung hinreichend für denselben Sachverhalt (vgl. H. WHITNEY [2]).

Wir denken uns jetzt $K \subset R^n$ fest gegeben und betrachten eine Kugel K_0 mit dem Radius r_0, welche K im Innern enthält. $C^l(K_0)$ sei der Vektorraum der in K_0 definierten und bis an den Rand l-mal stetig differenzierbaren Funktionen. Bezeichnet $J^l(K) \subset C^l(K_0)$ den Teilraum aller Funktionen $f \in C^l(K_0)$ mit $D^\alpha f(x) = 0$ für alle $x \in K$ und alle α mit $|\alpha| \leqq l$, so ist auf Grund des Vorhergehenden unmittelbar klar, daß der Raum $W^l(K)$ dem Quotientenraum $C^l(K_0)/J^l(K)$ algebraisch isomorph ist, wenn man jedem Element $\dot{f} \in W^l(K)$ die Restklasse zuordnet, die aus allen möglichen Fortsetzungen von $\dot{f}$ zu Funktionen des Raumes $C^l(K_0)$ besteht. Im folgenden wollen wir in diesem

Sinne $W^l(K)$ stets mit $C^l(K_0)/J^l(K)$ identifizieren. $C^l(K_0)$ ist mit der Normierung

$$||f||_{K_0,l} = \sum_{|\alpha| \leqq l} \sup_{x \in K_0} |D^\alpha f(x)| \quad \big(f \in C^l(K_0)\big) \tag{2.4}$$

ein BANACH-Raum und $J^l(K)$ ein abgeschlossener Teilraum. Folglich ist $C^l(K_0)/J^l(K)$ mit der üblichen Quotientenraumnorm $\big(f \in C^l(K_0)$, $\dot{f}$ zugehörige Restklasse$\big)$

$$q_{K,l}(\dot{f}) = \inf_{h \in J^l(K)} ||f + h||_{K_0,l} \tag{2.5}$$

ebenfalls ein BANACH-Raum (man vergleiche G. KÖTHE [1], S. 131). Beachtet man die vorgenommene Identifizierung, so sind also auf $W^l(K)$ durch (2.2), (2.3) und (2.5) drei verschiedene Normen gegeben. Nach G. GLAESER [1] sind auf $W^l(K)$ die Normen (2.3) und (2.5) stets äquivalent, d. h., es existieren Konstanten $k_1 > 0$ und $k_2 > 0$, die nur von l, n und r_0 abhängen, so daß die Ungleichungen

$$q_{K,l}(\dot{f}) \leqq k_1\, |||\dot{f}|||_{K,l}\,, \qquad |||\dot{f}|||_{K,l} = k_2\, q_{K,l}(\dot{f})$$

gelten.

2. Stetige Linearformen auf $W^l(K)$

Die Theorie der Distributionen soll hier als bekannt vorausgesetzt werden (vgl. zum Beispiel I. M. GELFAND und G. E. SCHILOW [1], [2], L. SCHWARTZ [1]). Wir erinnern nur kurz an den Begriff der *Distribution endlicher Ordnung*. Gegeben sei eine Linearform L auf dem Grundraum $C_0^\infty(R^n)$ der beliebig oft differenzierbaren Funktionen mit kompaktem Träger. Der *Träger* supp f einer Funktion f ist die Abschließung der Menge $\{x \in R^n\colon f(x) \neq 0\}$. L heißt eine Distribution der Ordnung l, wenn für jede Folge von Funktionen $\varphi_n \in C_0^\infty(R^n)$, deren Träger supp φ_n sämtlich in einer festen kompakten Menge des R^n liegen und für die $D^\alpha\varphi_n$ für alle α mit $|\alpha| \leqq l$ gleichmäßig im ganzen Raum gegen Null konvergiert, bereits $L(\varphi_n) \to 0$ gilt. Aus diesem Grunde können wir eine Distribution der Ordnung l stets als auf $C_0^l(R^n)$ (Raum der l-mal stetig differenzierbaren Funktionen mit kompaktem Träger) definiert ansehen. Unter dem *Träger* supp L einer Distribution L versteht man das Komplement der größten offenen Menge G, für welche $L(\varphi) = 0$ für alle $\varphi \in C_0^\infty(R^n)$ mit supp $\varphi \subset G$ gilt. Eine Distribution mit kompaktem Träger ist stets von endlicher Ordnung. Wir betrachten nun im folgenden Distributionen L einer festen Ordnung $l \geqq 0$, deren Träger supp L in einer fest gegebenen kompakten Menge $K \subset R^n$ enthalten ist. Wählt man die Kugel K_0 (vgl. Abschnitt 1) so groß, daß K im Innern von K_0 liegt, so kann man L in naheliegender Weise als bezüglich der Norm (2.4) stetige Linearform auf $C^l(K_0)$ mit supp $L \subset K$ auffassen. Letztere können jedoch, wie man leicht beweist (vgl. [2], [11]), mit den bezüglich der Norm (2.5) stetigen Linearformen auf $W^l(K) \cong C^l(K_0)/J^l(K)$ identifiziert werden. Auf dieser Tatsache, sowie auf der Äquivalenz der Normen (2.3) und (2.5) und dem bekannten Satz von F. RIESZ (vgl. zum Beispiel F. RIESZ und B. SZ.-NAGY [1]), beruht der Beweis von Satz 2.1 (vgl. [2], [11]). Da die Linearformen L als auf jedem der Räume $C_0^\infty(R^n)$, $C_0^l(R^n)$, $C^l(K_0)$ und $W^l(K)$ definiert angesehen werden können, wollen wir in den folgenden Darstellungsformeln für $L(f)$ nicht ausdrücklich vermerken, welchem Raum das Element f jeweils angehören soll. Dies wird stets aus dem Zusammenhang klar sein. Zur Abkürzung in der Formulierung des Satzes führen wir die folgenden auf $K_0 \times K_0$ definierten Funktionen $\Phi_\alpha^f\big(|\alpha| \leqq l,\ f \in C^l(K_0)\big)$ ein:

$$\Phi_\alpha^f(x, y) = \frac{f_\alpha(x) - \sum\limits_{|\beta| \leqq l - |\alpha|} \frac{1}{\beta!} f_{\alpha+\beta}(y)\,(x-y)^\beta}{|x-y|^{l-|\alpha|}} \qquad (x \neq y)\,,$$

$$\Phi_\alpha^f(x, x) = 0\,.$$

Auf Grund von (2.1) sind die Funktionen Φ_α^f auf $K_0 \times K_0$ stetig.

Satz 2.1. *Jede Distribution L der Ordnung l mit $\operatorname{supp} L \subset K \subset R^n$ läßt sich in der Gestalt*

$$L(f) = \sum_{|\alpha| \leqq l} \int D^\alpha f\, d\mu_\alpha + \sum_{|\alpha| \leqq l} \int \Phi_\alpha^f\, d\nu_\alpha$$

durch Maße darstellen. Hierbei gilt $\operatorname{supp} \mu_\alpha \subset K$, $\operatorname{supp} \nu_\alpha \subset K \times K$. Ist K vom Typ C_l, so entfällt die zweite Summe, und es gilt

$$L(f) = \sum_{|\alpha| \leqq l} \int D^\alpha f\, d\mu_\alpha \qquad (2.6)$$

mit $\operatorname{supp} \mu_\alpha \subset K$.

Falls K nicht vom Typ C_l ist, kann man in einer beliebigen Umgebung stets eine kompakte Menge $K' \supset K$ vom Typ C_l finden, so daß eine Darstellung der Gestalt (2.6) durch Maße mit $\operatorname{supp} \mu_\alpha \subset K'$ besteht. Wir erhalten auf diese Weise einen Satz von L. Schwartz [1], S. 91, von dem also Satz 2.1 eine Verschärfung darstellt. Im Spezialfall $l = 0$ ergibt sich natürlich der Satz von F. Riesz. Denn offensichtlich ist jede kompakte Menge K vom Typ C_0, und deshalb gilt in diesem Falle stets die Darstellung (2.6). Die Maße μ_α und ν_α sind durch L im allgemeinen nicht eindeutig bestimmt. Bezüglich Aussagen in dieser Richtung verweisen wir auf [2]. In [12] wurde der Satz 2.1 zur Bestimmung der Lösungsgesamtheit (im Sinne der Distributionstheorie) einer linearen Differentialgleichung mit konstanten Koeffizienten in einem beliebigen beschränkten Gebiet angewandt.

§ 3. Kerne und Potentiale bezüglich linearer elliptischer Differentialoperatoren

1. Fundamentallösungen

Gegenstand unserer Betrachtungen in den folgenden Paragraphen sind die linearen Differentialgleichungen

$$\mathcal{L}[u] = \sum_{|\alpha| \leqq 2m} a_\alpha D^\alpha u = 0 \qquad (3.1)$$

der Ordnung $2\,m$ im R^n $(n \geqq 2)$ mit konstanten reellen Koeffizienten a_α. Wir setzen voraus, daß der Operator $\mathcal{L}$ *elliptisch* ist, d. h., daß für die $\mathcal{L}$ zugeordnete *charakteristische Form*

$$\mathcal{L}_0(\xi) = \sum_{|\alpha| = 2m} a_\alpha \xi^\alpha \quad (\xi^\alpha = \xi_1^{\alpha_1} \ldots \xi_n^{\alpha_n})$$

aus $\xi = (\xi_1, \ldots, \xi_n) \neq 0$ (ξ_i reell) nicht $\mathcal{L}_0(\xi) = 0$ folgt.

Ein elliptischer Differentialoperator mit reellen Koeffizienten ist für $n > 1$ stets von gerader Ordnung (vgl. S. AGMON, A. DOUGLIS, L. NIRENBERG [1]). Unter einer *Fundamentallösung* $\Phi(x, y)$ von (3.1) mit der Singularität im Punkte y versteht man eine (im Sinne der Distributionentheorie aufzufassende) Lösung der Gleichung

$$\mathcal{L}[u] = \delta_y , \tag{3.2}$$

wobei δ_y das durch $\delta_y(f) = f(y)$ definierte DIRAC*sche Maß* im Punkte y bezeichnet. In dem betrachteten Falle existieren Fundamentallösungen. Diese sind lokalintegrierbar und außerhalb $x = y$ bezüglich x analytische Lösungen der Differentialgleichung (3.1) (vgl. L. HÖRMANDER [1]). Da $\mathcal{L}$ konstante Koeffizienten besitzt, erhält man $\Phi(x, y)$ aus $G(x) := \Phi(x, 0)$ gemäß

$$\Phi(x, y) := G(x - y) . \tag{3.3}$$

Die für alle $(x, y) \in R^n \times R^n$ erklärte Funktion (3.3) wird auch als zum Operator $\mathcal{L}$ gehöriger *Kern* bezeichnet. Es sei erwähnt, daß auf Grund der lokalen Integrierbarkeit von $G(x)$ die Definition (3.2) äquivalent zu der für alle $\varphi \in C_0^\infty(R^n)$ gültigen Integralbeziehung

$$\int G(x - y)\, \mathcal{L}[\varphi](y)\, dy = \varphi(x) \tag{3.4}$$

ist. $G(x)$ ist bis auf eine Lösung der homogenen Gleichung $\mathcal{L}[u] = 0$ eindeutig bestimmt. Bei F. JOHN [1] wird jedoch in eindeutiger Weise eine im ganzen Raum definierte Fundamentallösung und damit ein eindeutig bestimmter, in ganz $R^n \times R^n$ definierter Kern konstruiert, den wir in dieser Arbeit ausschließlich benutzen werden. Die genaue Konstruktion ist kompliziert und wird hier auch nicht explizit benötigt. Deshalb beschränken wir uns auf die Angabe einer in gewissem Sinne lokalen Darstellung dieses Kernes. Und zwar gilt mit $\zeta = \frac{x - y}{|x - y|}$ für $x \neq y$ im Falle n ungerade

$$\Phi(x, y) = |x - y|^{2m-n} A_\eta(x - y, \zeta, |x - y|) \tag{3.5$_1$}$$

und im Falle n gerade

$$\begin{aligned}\Phi(x, y) = [|x - y|^{2m-n} \ln |x - y|]\, B_\eta(x - y, \zeta, |x - y|) \\ + |x - y|^{2m-n} C_\eta(x - y, \zeta, |x - y|) .\end{aligned} \tag{3.5$_2$}$$

Die Funktionen A_η, B_η und C_η hängen von einem beliebigen Einheitsvektor $\eta = (\eta_1, \ldots, \eta_n)$ als Parameter ab und sind bezüglich aller Argumente $x_i - y_i$, $\zeta_i = \frac{x_i - y_i}{|x - y|}$, $|x - y|$ für $|\zeta| = 1$, $1 + \eta \cdot \zeta \neq 0$ analytisch. Für eine gegebene Richtung ζ läßt sich stets ein η mit $1 + \eta \cdot \zeta \neq 0$ finden, so daß eine Darstellung der Gestalt (3.5) möglich ist, wobei für alle „benachbarten" Richtungen im Winkelraum dieselben Funktionen A_η, B_η, C_η benutzt werden können. In diesem Sinne besitzt die Darstellung (3.5) lokalen Charakter. Für das Folgende ist es zweckmäßig, wenn wir definitionsgemäß

$$\Phi(x, x) = 0 \tag{3.6}$$

festsetzen. Weiter definieren wir für alle α mit $|\alpha| \leqq 2m - 2$ die sogenannten Ableitungskerne

$$(D^\alpha \Phi)(x, y) = \frac{\partial^{|\alpha|}\Phi(x, y)}{\partial x_1^{\alpha_1} \dots \partial x_n^{\alpha_n}} (x \neq y), \quad (D^\alpha \Phi)(x, x) = 0. \tag{3.7}$$

Bezüglich einer anderen Möglichkeit, die Werte von $(D^\alpha \Phi)(x, x)$ zu definieren, vergleiche man G. ANGER [5], [7]. Es sei ausdrücklich betont, daß sich die Differentiation D^α auch im folgenden stets auf die erste Variable bezieht. Aus (3.5) gewinnt man sofort auch für die Ableitungskerne entsprechende Darstellungen. Man überzeugt sich nämlich durch Differentiation nach x_i $(i = 1, \dots, n)$ leicht davon, daß

$$D^\alpha A_\eta (x - y, \zeta, |x - y|) = |x - y|^{-|\alpha|} A_\eta^{(\alpha)} (x - y, \zeta, |x - y|)$$

gilt, wobei $A_\eta^{(\alpha)}$ dasselbe Regularitätsverhalten wie A_η besitzt. Gleiches gilt für B_η und C_η. Außerdem bestehen die Beziehungen

$$D^\alpha |x - y|^{2m-n} = |x - y|^{2m-n-|\alpha|} P^{(\alpha)}(\zeta), \tag{3.8}$$

$$D^\alpha \ln |x - y| = |x - y|^{-|\alpha|} Q^{(\alpha)}(\zeta), \tag{3.9}$$

wobei $P^{(\alpha)}$ und $Q^{(\alpha)}$ Polynome in den ζ_i vom Grade $|\alpha|$ sind. Damit ergeben sich für $x \neq y$ die folgenden „lokalen" Darstellungen der Kerne $(D^\alpha \Phi)(x, y)$.
n ungerade, $|\alpha| \leqq 2m - 2$:

$$(D^\alpha \Phi)(x, y) = |x - y|^{2m-n-|\alpha|} R_\eta^{(\alpha)} (x - y, \zeta, |x - y|). \tag{3.10$_1$}$$

n gerade, $|\alpha| \leqq 2m - 2$:

$$\begin{aligned}(D^\alpha \Phi)(x, y) = |x - y|^{2m-n-|\alpha|} \{&S_\eta^{(\alpha)} (x - y, \zeta, |x - y|) \\ &+ T_\eta^{(\alpha)} (x - y, \zeta, |x - y|) \ln |x - y|\}.\end{aligned} \tag{3.10$_2$}$$

$R_\eta^{(\alpha)}$, $S_\eta^{(\alpha)}$ und $T_\eta^{(\alpha)}$ haben dabei ebenfalls das Regularitätsverhalten wie A_η usw.

2. Der Spezialfall $\mathcal{L} = \Delta^m$

Wir werden in dieser Arbeit als Standardbeispiel für die vorgelegte Theorie häufig die *polyharmonische Differentialgleichung*

$$\Delta^m u = 0 \tag{3.11}$$

heranziehen. Hierbei bedeutet $\Delta^m = \Delta(\Delta^{m-1})$ den m-fach iterierten LAPLACE-Operator $\Delta = \frac{\partial^2}{\partial x_1^2} + \dots + \frac{\partial^2}{\partial x_n^2}$. Die Fundamentallösung Φ hat in diesem Falle für $x \neq y$ die folgende Gestalt:

$$\Phi(x, y) = C_{mn} |x - y|^{2m-n}$$

für n ungerade bzw. für n gerade und $2m < n$,

$$\Phi(x, y) = C_{mn} |x - y|^{2m-n} \ln |x - y|$$

für n gerade und $2m \geqq n$. C_{mn} sind gewisse Konstanten.

Für die Ableitungen gilt nach (3.8) für $x \neq y$

$$(D^\alpha \Phi)(x, y) = C_{mn} |x - y|^{2m-n-|\alpha|} P^{(\alpha)}(\zeta) \qquad (|\alpha| \leqq 2m - 2)$$

für n ungerade bzw. für n gerade und $2m < n$. Aus (3.8), (3.9) und der Regel für die Differentiation eines Produkts folgt im Falle n gerade und $2m \geqq n$ zunächst für $0 < |\alpha| \leqq 2m - n$

$$(D^\alpha \Phi)(x, y) = C_{mn} |x - y|^{2m-n-|\alpha|} [R^{(\alpha)}(\zeta) + P^{(\alpha)}(\zeta) \ln |x - y|] . \quad (3.12)$$

Die $R^{(\alpha)}(\zeta)$ sind Polynome in ζ vom Grade $|\alpha|$, welche aus den $P^{(\alpha)}(\zeta)$ und $Q^{(\alpha)}(\zeta)$ durch Multiplikationen entstehen. Wegen $2m - n = 2k$ gilt $|x - y|^{2m-n} = \left[\sum_{i=1}^{n} (x_i - y_i)^2\right]^k$, und deshalb ist für $|\alpha| = 2m - n$ das Polynom $P^{(\alpha)}(\zeta)$ entweder $\equiv 0$ oder eine Konstante. Daraus folgt, daß für $2m - n \leqq |\alpha| \leqq 2m - 2$ ebenfalls Polynome $S^{(\alpha)}(\zeta)$ vom Grade $|\alpha|$ existieren mit

$$(D^\alpha \Phi)(x, y) = |x - y|^{2m-n-|\alpha|} S^{(\alpha)}(\zeta) .$$

Hilfssatz 3.1. *Für die Kerne der Differentialgleichung* (3.11) *gilt*

$$(D^\alpha \Phi)(y, x) = (-1)^{|\alpha|} (D^\alpha \Phi)(x, y)$$

für alle α *mit* $|\alpha| \leqq 2m - 2$.

Beweis. Man kann sich leicht davon überzeugen, daß in den Polynomen $P^{(\alpha)}(\zeta)$, $Q^{(\alpha)}(\zeta)$, $R^{(\alpha)}(\zeta)$ und $S^{(\alpha)}(\zeta)$ bei geradem bzw. ungeradem $|\alpha|$ jeder Summand von gerader bzw. ungerader Ordnung bezüglich der ζ_i ist. Daraus folgt aber sofort die Behauptung $\square$.

Die bei festgehaltenen Koordinaten $x_1, \ldots, x_{i-1}, x_{i+1}, \ldots, x_n$ durch

$$\{y \in R^n; \quad y_1 = x_1, \ldots, y_{i-1} = x_{i-1}, y_{i+1} = x_{i+1}, \ldots, y_n = x_n\}$$

im R^n definierte Gerade, d. h. die Parallelen zu den Koordinatenachsen, wollen wir im folgenden mit $X_i(x_1, \ldots, x_{i-1}, x_{i+1}, \ldots, x_n)$ oder kurz mit X_i bezeichnen. Damit gilt

Hilfssatz 3.2. *Es sei* $n = 2$, Φ *der Kern der Differentialgleichung* (3.11) *und* X_i *eine fest gewählte Gerade der obigen Gestalt. Betrachtet man den Kern* $(D^\alpha \Phi)(x, y)$ $(|\alpha| \leqq 2m - 3)$ *bei festem* $y \in R^2$ *und variablem* $x \in X_i$, *so genügt die Funktion* $\psi_i^{\alpha, y}(x_i) = (D^\alpha \Phi)(x, y)$ *für alle* $y \in R^2$ *und alle* $x \in X_i$, $a = (a_1, a_2) \in X_i$ *der Beziehung*

$$(D^\alpha \Phi)(x, y) \stackrel{\bullet}{=} (D^\alpha \Phi)(a, y) + \int_{a_i}^{x_i} D_{\xi_i}(D^\alpha \Phi)(\xi, y)\, d\xi_i . \quad (3.13)$$

Dabei ist ξ *der Integrationspunkt mit der variablen Koordinate* ξ_i $(i = 1, 2)$, *und* D_{ξ_i} *bedeutet Differentiation nach* ξ_i.

Beweis. Für $y \notin X_i$ und $x \in X_i$ ist die Funktion $\psi_i^{\alpha, y}(x_i)$ stetig nach x_i differenzierbar. Für diese y gilt also (3.13) auf Grund des Hauptsatzes der Differential- und Integralrechnung. Es sei nun $y \in X_i$. Formel (3.12) entnimmt man, daß die Kerne $(D^\alpha\Phi)(x, y)$ $(|\alpha| \leqq 2m-2)$ für $x \in X_i$, $y \in X_i$ folgende Gestalt haben:

$|\alpha|$ gerade:

$$(D^\alpha\Phi)(x, y) = C_{m2}\, |x_i - y_i|^{2m-2-|\alpha|}\, [C_1^{(\alpha)} + C_2^{(\alpha)} \ln |x_i - y_i|];$$

$|\alpha|$ ungerade, $x_i > y_i$:

$$(D^\alpha\Phi)(x, y) = C_{m2}\, |x_i - y_i|^{2m-2-|\alpha|}\, [{}^+C_1^{(\alpha)} + {}^+C_2^{(\alpha)} \ln |x_i - y_i|];$$

$|\alpha|$ ungerade, $x_i < y_i$:

$$(D^\alpha\Phi)(x, y) = C_{m2}\, |x_i - y_i|^{2m-2-|\alpha|}\, [{}^-C_1^{(\alpha)} + {}^-C_2^{(\alpha)} \ln |x_i - y_i|].$$

Hierbei sind $C_1^{(\alpha)}$, $C_2^{(\alpha)}$, ${}^+C_1^{(\alpha)}$, ${}^+C_2^{(\alpha)}$, ${}^-C_1^{(\alpha)}$ und ${}^-C_2^{(\alpha)}$ gewisse Konstanten mit

$$ {}^+C_1^{(\alpha)} = -\,{}^-C_1^{(\alpha)}, \quad {}^+C_2^{(\alpha)} = -\,{}^-C_2^{(\alpha)}. \tag{3.14}$$

Man hat dabei $x_j - y_j = 0$ für $j \neq i$, $|x - y| = |x_i - y_i|$ und Hilfssatz 3.1 zu berücksichtigen. Wegen $|x_i - y_i|^{2m-2-|\alpha|} = -(x_i - y_i)^{2m-2-|\alpha|}$ für $|\alpha|$ ungerade und $x_i < y_i$ sowie (3.14) sieht man sofort, daß die Funktionen $\psi_i^{\alpha, y}(x_i)$ für $|\alpha| \leqq 2m-3$ stetig sind und folglich für $|\alpha| \leqq 2m-4$ die Beziehung (3.13) gilt. Schließlich rechnet man noch auf elementare Weise nach, daß (3.13) auch für alle α mit $|\alpha| \leqq 2m-3$ richtig ist. Man kann sich dabei auf $a_i \leqq y_i \leqq x_i$ beschränken und den Ausdruck

$$\int_{a_i}^{x_i} D_{\xi_i}(D^\alpha\Phi)(\xi, y)\, d\xi_i$$

in der Form

$$\int_{a_i}^{y_i} D_{\xi_i}(D^\alpha\Phi)(\xi, y)\, d\xi_i + \int_{y_i}^{x_i} D_{\xi_i}(D^\alpha\Phi)(\xi, y)\, d\xi_i$$

berechnen $\square$.

Die Hilfssätze 3.1 und 3.2 bilden die Grundlage dafür, daß (ohne Einschränkungen an n und m) sämtliche in dieser Arbeit für elliptische Differentialgleichungen mit konstanten Koeffizienten bewiesenen Sätze speziell für die polyharmonische Gleichung (3.11) gelten.

3. Potentiale

Wir setzen

$$(D^\alpha\Phi)^+(x, y) = \sup\big((D^\alpha\Phi)(x, y), 0\big)$$

und

$$(D^\alpha\Phi)^-(x, y) = -\inf\big((D^\alpha\Phi)(x, y), 0\big).$$

Damit besteht die Zerlegung

$$(D^\alpha\Phi)(x, y) = (D^\alpha\Phi)^+(x, y) - (D^\alpha\Phi)^-(x, y).$$

$(D^\alpha\Phi)^+$ und $(D^\alpha\Phi)^-$ sind auf $R^n \times R^n$ nach unten halbstetige Funktionen, da sie positiv und für $x \neq y$ stetig sind und nach (3.6) und (3.7) $(D^\alpha\Phi)^+(x, x) = (D^\alpha\Phi)^-(x, x) = 0$ gilt. Zur Definition der Halbstetigkeit vgl. man G. Aumann [1], S. 153. Es sind also sowohl die Funktionen $(D^\alpha\Phi)^+$, $(D^\alpha\Phi)^-$ als auch $D^\alpha\Phi$ universell meßbar.

Es sei nun μ ein positives RADONsches Maß. Unter dem *Potential* des Kernes $D^\alpha\Phi$ ($|\alpha| \leqq 2m - 2$) bezüglich μ wollen wir die Funktion

$$(D^\alpha\Phi)\,\mu(x) = \int (D^\alpha\Phi)^+(x, y)\,d\mu(y) - \int (D^\alpha\Phi)^-(x, y)\,d\mu(y)$$

verstehen. Sie ist nur für diejenigen $x \in R^n$ erklärt, für die nicht gleichzeitig beide Integrale unendlich sind. Wir setzen zur Abkürzung

$$(D^\alpha\Phi)^+\,\mu(x) = \int (D^\alpha\Phi)^+(x, y)\,d\mu(y)\,, \quad (D^\alpha\Phi)^-\,\mu(x) = \int (D^\alpha\Phi)^-(x, y)\,d\mu(y)\,.$$

Für ein beliebiges Maß $\mu = \mu^+ - \mu^-$ ($\mu^+ \geqq 0$, $\mu^- \geqq 0$, vgl. N. BOURBAKI [1], S. 54) erklären wir

$$(D^\alpha\Phi)\,\mu(x) = (D^\alpha\Phi)\,\mu^+(x) - (D^\alpha\Phi)\,\mu^-(x) \qquad (|\alpha| \leqq 2m - 2)\,.$$

Die Funktionen $(D^\alpha\Phi)\mu$ sind für alle $x \in R^n$ definiert, für welche sowohl $(D^\alpha\Phi)\,\mu^+$ als auch $(D^\alpha\Phi)\,\mu^-$ definiert sind und für die außerdem nicht die Formen $\infty - \infty$ oder $-\infty + \infty$ auftreten. In dieser Arbeit werden nur Maße mit kompaktem Träger auftreten. Wir bemerken noch, daß auf Grund der Halbstetigkeit von $(D^\alpha\Phi)^+$ und $(D^\alpha\Phi)^-$ auch die Funktionen $(D^\alpha\Phi)^+\,\mu(x)$ und $(D^\alpha\Phi)^-\,\mu(x)$ für $\mu \geqq 0$ nach unten halbstetig sind (vgl. M. BRELOT [1], S. 67, N. BOURBAKI [1], S. 94). Schließlich werden noch durch

$$(D^\alpha\Phi)^*(x, y) := (D^\alpha\Phi)(y, x)$$

die zu $(D^\alpha\Phi)$ *adjungierten Kerne* und sinngemäß die *adjungierten Potentiale* $(D^\alpha\Phi)^*\,\mu(x)$ bezüglich des Maßes μ eingeführt.

Wir betrachten weiter Systeme $\{\mu_\alpha\}_{|\alpha| \leqq m-1}$ von Maßen mit kompaktem Träger. Ein solches System kann nach § 2 als Distribution $L = L(\{\mu_\alpha\})$ der Ordnung $m - 1$ mit $\operatorname{supp} L \subset \bigcup_{|\alpha| \leqq m-1} \operatorname{supp} \mu_\alpha$ aufgefaßt werden. Als Potential bzw. als adjungiertes Potential des Kernes Φ bezüglich $L = L(\{\mu_\alpha\})$ werde definiert

$$\Phi\,L(x) = \sum_{|\alpha| \leqq m-1} (D^\alpha\Phi)\,\mu_\alpha(x)\,, \tag{3.15$_1$}$$

$$\Phi^*\,L(x) = \sum_{|\alpha| \leqq m-1} (D^\alpha\Phi)^*\,\mu_\alpha(x)\,. \tag{3.15$_2$}$$

Die Potentialdefinition $(3.15)_2$ ist im wesentlichen unabhängig von der speziellen Darstellung der Distribution L durch Maße, und die Zuordnung $L \to \Phi^* L$ ist in gewissem Sinne umkehrbar eindeutig. Wir werden darauf im § 8 zurückkommen. Betreffs gewisser Eigenschaften biharmonischer Potentiale, die sich ohne Schwierigkeiten auf den hier behandelten allgemeinen Fall übertragen lassen, worauf wir allerdings in dieser Arbeit nicht eingehen, sei auf [13] verwiesen.

§ 4. Kapazitätsbegriff, Mengen der Kapazität Null

In diesem Paragraphen sei Φ ein ganz beliebiger der in § 3 eingeführten Kerne, der zu einer gewissen elliptischen Differentialgleichung (3.1) gehört.

Definition 4.1. $F^+(\Phi)$ bezeichne die Menge aller positiven Maße λ mit kompaktem Träger $\operatorname{supp}\lambda$, für welche die Funktionen $(D^\alpha\Phi)^+\,\lambda$ und $(D^\alpha\Phi)^-\,\lambda$ für alle α mit $|\alpha| \leqq 2m - 2$ im ganzen Raum stetig sind. Im Falle $n \geqq 3$ wird zusätzlich gefordert, daß $\lambda(X_i) = 0$ für jede Gerade X_i gelten soll.

Zur Vereinfachung der Bezeichnung wollen wir im folgenden den zur Potentialgleichung gehörigen Kern mit Φ_P kennzeichnen. Es ist

$$\Phi_P(x, y) = k_2 \ln |x - y| \qquad (n = 2),$$

$$\Phi_P(x, y) = k_n |x - y|^{2-n} \qquad (n \geqq 3)$$

mit gewissen (negativen) Konstanten k_2 und k_n.

Bemerkung 4.1. *Es sei $n \geqq 3$, und für das positive Maß λ mit kompaktem Träger sei das Potential $\Phi_P \lambda$ im ganzen Raum stetig. Dann gilt $\lambda(X_i) = 0$ für jede Gerade X_i (vgl. § 3). Im Falle $\Phi = \Phi_P$ ist also die Zusatzbedingung in Definition 4.1 automatisch erfüllt.*

Beweis. Im Falle $\operatorname{supp} \lambda \cap X_i = \emptyset$ ($\emptyset$ leere Menge) ist trivialerweise $\lambda(X_i) = 0$. Es sei also $\operatorname{supp} \lambda \cap X_i \neq \emptyset$. Dann betrachten wir auf der Geraden X_i ein beliebiges abgeschlossenes Intervall $K = [\alpha_i, \beta_i]$. Nach Voraussetzung ist $\Phi_P \lambda(x)$ auf K beschränkt. Deshalb gilt $(\xi = (\xi_1, \ldots, \xi_n))$

$$\int_{\alpha_i}^{\beta_i} \left(\int \frac{d\lambda(y)}{|\xi - y|^{n-2}} \right) d\xi_i < + \infty . \tag{4.1}$$

Daraus folgt nach dem Satz von FUBINI

$$\int \left(\int_{\alpha_i}^{\beta_i} \frac{d\xi_i}{|\xi - y|^{n-2}} \right) d\lambda(y) = \int_{\alpha_i}^{\beta_i} \left(\int \frac{d\lambda(y)}{|\xi - y|^{n-2}} \right) d\xi_i < + \infty .$$

Für $\xi, y \in X_i$ gilt wegen $\xi_1 = y_1, \ldots, \xi_{i-1} = y_{i-1}, \xi_{i+1} = y_{i+1}, \ldots, \xi_n = y_n$

$$\frac{1}{|\xi - y|^{n-2}} = \frac{1}{|\xi_i - y_i|^{n-2}} . \tag{4.2}$$

Angenommen, es ist $\lambda(K) \neq 0$. Dann ist wegen (4.2) für alle $y \in K$ $\int_{\alpha_i}^{\beta_i} \frac{d\xi_i}{|\xi - y|^{n-2}} = + \infty$ und folglich

$$\int_{\alpha_i}^{\beta_i} \left(\int \frac{d\lambda(y)}{|\xi - y|^{n-2}} \right) d\xi_i = \int \left(\int_{\alpha_i}^{\beta_i} \frac{d\xi_i}{|\xi - y|^{n-2}} \right) d\lambda(y) = + \infty$$

im Widerspruch zu (4.1). Daher gilt $\lambda(K) = 0$ für jedes kompakte Intervall $K = [\alpha_i, \beta_i] \subset X_i$. Das bedeutet aber $\lambda(X_i) = 0$ $\square$.

$K \subset R^n$ sei eine kompakte Menge und

$$F_K^+(\Phi) = \{\lambda \in F^+(\Phi) , \quad \operatorname{supp} \lambda \subset K\} .$$

Definition 4.2. Unter der *Φ-Kapazität* $\mathfrak{C}_\Phi(K)$ einer kompakten Menge $K \subset R^n$ bezüglich des Kernes $\Phi(x, y)$ soll das Supremum aller Zahlen $\lambda(K)$ verstanden werden, wobei λ alle Maße mit folgenden Eigenschaften durchläuft:

$$1.\ \lambda \in F_K^+(\Phi) , \quad 2.\ \sup_{\substack{|\alpha| \leqq 2m-2 \\ x \in K}} [(D^\alpha \Phi)^+ \lambda(x) + (D^\alpha \Phi)^- \lambda(x)] \leqq 1 .$$

Ist $B \subset R^n$ eine beliebige Menge, so erklären wir als Φ-Kapazität $\mathfrak{C}_\Phi(B)$ das Supremum der Φ-Kapazitäten $\mathfrak{C}_\Phi(K)$ aller in B enthaltenen kompakten Teilmengen K.

Diese Kapazitätsdefinition entspricht dem in der Literatur geläufigen Begriff der inneren Kapazität. Außerdem führt man noch die äußere Kapazität ein. Nach G. CHOQUET [1] sind für den NEWTONschen Kern für alle analytischen, also insbesondere alle BORELschen Mengen, die äußere und die innere Kapazität einander gleich. Die Definition 4.2 stammt im Falle der Potentialgleichung von G. ANGER [1]. Dasselbe gilt für die folgenden Resultate dieses Paragraphen. Aus der Definition 4.2 ergeben sich unmittelbar zwei Folgerungen.

Folgerung 1. *Eine Menge $B \subset R^n$ ist genau dann von der Φ-Kapazität Null, wenn für jede kompakte Teilmenge $K \subset B$ die Menge $F_K^+(\Phi)$ nur aus dem Nullelement besteht.*

Folgerung 2. *Ist $B \subset R^n$ von der Φ-Kapazität Null, so ist auch jede Teilmenge von B von der Φ-Kapazität Null.*

Definition 4.3. Eine Menge $B \subset R^n$ heiße *Φ-meßbar*, wenn sie für alle $\lambda \in F^+(\Phi)$ meßbar ist. Eine im R^n definierte Funktion V heiße Φ-meßbar, wenn für jedes reelle a die Mengen $\{x;\, V(x) > a\}$ Φ-meßbar sind.

Der folgende Hilfssatz 4.1 ist der Kernpunkt für den Beweis der grundlegenden Sätze 4.1 und 4.2. Unter der *Einschränkung* λ_K des Maßes λ auf die kompakte Menge $K \subset R^n$ versteht man das Funktional $f \to \int f(x)\, \varphi_K(x)\, d\lambda(x)$ (φ_K charakteristische Funktion der Menge K, $f \in C_0(R^n)$, $C_0(R^n)$ Raum der stetigen Funktionen mit kompaktem Träger).

Hilfssatz 4.1. *Es sei $\lambda \in F^+(\Phi)$ und $K \subset R^n$ eine kompakte Menge. Dann gilt $\lambda_K \in F^+(\Phi)$.*

Beweis. Wir zerlegen das Maß λ gemäß $\lambda = \lambda_K + \lambda_{R^n \setminus K}$ ($\lambda_{R^n\setminus K}$ Einschränkung von λ auf $R^n \setminus K = \{x \in R^n,\ x \notin K\}$). Dann gilt

$$(D^\alpha \Phi)^+ \lambda = (D^\alpha \Phi)^+ \lambda_K + (D^\alpha \Phi)^+ \lambda_{R^n\setminus K}\,.$$

Wegen $\lambda_K \leqq \lambda$ und der Stetigkeit von $(D^\alpha\Phi)^+ \lambda$ ist $(D^\alpha\Phi)^+ \lambda_K$ endlich und wegen $\lambda_K \geqq 0$ nach unten halbstetig (vgl. Seite 24). Entsprechendes gilt für $(D^\alpha\Phi)^+ \lambda_{R^n\setminus K}$. Da dann $[-(D^\alpha\Phi)^+ \lambda_{R^n\setminus K}]$ nach oben halbstetig und $(D^\alpha\Phi)^+ \lambda$ als stetige Funktion ebenfalls nach oben halbstetig ist, folgt aus der Beziehung

$$(D^\alpha\Phi)^+ \lambda_K = (D^\alpha\Phi)^+ \lambda + [-(D^\alpha\Phi)^+ \lambda_{R^n\setminus K}]\,,$$

daß $(D^\alpha\Phi)^+ \lambda_K$ sowohl nach unten als auch nach oben halbstetig ist. Eine endliche, nach oben und unten halbstetige Funktion muß aber stetig sein. Entsprechend beweist man die Stetigkeit von $(D^\alpha\Phi)^- \lambda_K$ und damit $\lambda_K \in F^+(\Phi)$ □.

Satz 4.1. *Eine Φ-meßbare Menge $B \subset R^n$ ist genau dann von der Φ-Kapazität Null, wenn $\lambda(B) = 0$ für alle $\lambda \in F^+(\Phi)$ gilt.*

Beweis. Zunächst sei $\mathfrak{C}_\Phi(B) = 0$ vorausgesetzt. Angenommen, es existiert ein $\lambda \in F^+(\Phi)$ mit $\lambda(B) \neq 0$. Dann gibt es eine kompakte Menge $K \subset B$ mit $\lambda(K) \neq 0$ (vgl. zum Beispiel N. BOURBAKI [1]). Nach Hilfssatz 4.1 und wegen $\lambda_K(K) = \lambda(K) \neq 0$ folgt daraus $\mathfrak{C}_\Phi(K) \neq 0$ und $\mathfrak{C}_\Phi(B) \neq 0$ im Widerspruch zur Voraussetzung. Also ist $\lambda(B) = 0$ für alle $\lambda \in F^+(\Phi)$. Gilt umgekehrt $\lambda(B) = 0$

für alle $\lambda \in F^+(\Phi)$, so folgt daraus für jede kompakte Teilmenge $K \subset B$ ebenfalls $\lambda(K) = 0$ für alle $\lambda \in F^+(\Phi)$. Das bedeutet aber $\mathfrak{C}_\Phi(K) = 0$ für jedes $K \subset B$ oder $\mathfrak{C}_\Phi(B) = 0$.

Folgerung 1. *Die Vereinigung höchstens abzählbar vieler Φ-meßbarer Mengen der Φ-Kapazität Null ist ebenfalls von der Φ-Kapazität Null.*

Beweis. Aus $B = \bigcup_i B_i$ folgt aus Satz 4.1 $\lambda(B) \leqq \sum_i \lambda(B_i) = 0$ für alle $\lambda \in F^+(\Phi)$ und damit die Behauptung □.

Folgerung 2. *Jede höchstens abzählbare Menge ist von der Φ-Kapazität Null.*

Beweis. Der Formel (3.10) entnimmt man, daß $F^+(\Phi)$ nicht die Punktmaße enthält. Die Funktionen $(D^\alpha\Phi)^+ \,\delta_{x_0}(x)$ und $(D^\alpha\Phi)^- \,\delta_{x_0}(x)$ sind zum Beispiel für $|\alpha| = 2m - 2$ im Punkte $x = x_0$ unstetig. Das bedeutet, daß die einpunktigen Mengen und nach Folgerung 1 alle höchstens abzählbaren Mengen von der Φ-Kapazität Null sind □.

Definition 4.4. Besitzt eine im R^n definierte Funktion f mit Ausnahme höchstens einer Menge der Φ-Kapazität Null in allen Punkten einer Menge $A \subset R^n$ eine gewisse Eigenschaft, so sagen wir, diese Eigenschaft gilt *annähernd überall* (a. ü.) auf A.

Satz 4.2. *$V(x)$ sei eine im R^n definierte Φ-meßbare Funktion. Dann ist*

$$„V = 0 \ \text{a. ü. im } R^n\text{“}$$

äquivalent zu

$$„\int V(x)\, d\lambda(x) = 0 \quad \text{für alle} \quad \lambda \in F^+(\Phi)\text{“}.$$

Ist $A \subset R^n$ eine abgeschlossene Menge, so ist analog

$$„V = 0 \ \text{a. ü. auf } A\text{“}$$

äquivalent zu

$$„\int V(x)\, d\lambda(x) = 0 \ \text{für alle } \lambda \in F^+(\Phi) \text{ mit } \operatorname{supp} \lambda \subset A\text{“}.$$

Beweis. Angenommen, unter der Voraussetzung $\int V\, d\lambda = 0$ für alle $\lambda \in F^+(\Phi)$ gilt $V \neq 0$ auf einer Menge positiver Φ-Kapazität. Dann muß für $k > k_0$ (k natürliche Zahl) entweder $B_k^+ = \left\{x\colon V(x) > \frac{1}{k}\right\}$ oder $B_k^- = \left\{x\colon V(x) < -\frac{1}{k}\right\}$ von positiver Φ-Kapazität sein. Wir nehmen an, B_k^+ ist von positiver Φ-Kapazität. Daraus folgt nach Satz 4.1 die Existenz eines $\lambda \in F^+(\Phi)$ mit $\lambda(B_k^+) \neq 0$ (B_k^+ ist Φ-meßbar!). Weiter existiert eine kompakte Menge $K \subset B_k^+$ mit $\lambda(K) = \lambda_K(K) \neq 0$. Es gilt

$$\int V\, d\lambda_K > \int \frac{1}{k}\, d\lambda_K = \frac{1}{k} \lambda_K(K) \neq 0\,.$$

Da nach Hilfssatz 4.1 aber $\lambda_K \in F^+(\Phi)$ ist, bedeutet das einen Widerspruch zur Voraussetzung, und es gilt $V = 0$ a. ü. Umgekehrt folgt, wenn man $B = \{x\colon V(x) \neq 0\}$ setzt, aus $V = 0$ a. ü., der Φ-Meßbarkeit von V und Satz 4.1, daß $\lambda(B) = 0$ und folglich $\int V\, d\lambda = 0$ für alle $\lambda \in F^+(\Phi)$ gilt. Entsprechend beweist man den zweiten Teil der Aussage □.

Der Satz 4.2 wird für die Anwendungen der Kapazitätstheorie auf das DIRICHLETsche Problem von grundlegender Bedeutung sein.

Satz 4.3. *Es sei μ ein positives Maß mit kompaktem Träger. Dann sind für $|\alpha| \leqq 2m - 2$ die Potentiale*

$$(D^\alpha \Phi)^+ \mu(x) = \int (D^\alpha \Phi)^+(x, y)\, d\mu(y) \quad \text{und} \quad (D^\alpha \Phi)^- \mu(x) = \int (D^\alpha \Phi)^-(x, y)\, d\mu(y)$$

annähernd überall endlich. Das Entsprechende gilt für die adjungierten Potentiale. Daraus folgt weiter, daß für beliebige Maße $\mu = \mu^+ - \mu^-$ mit kompaktem Träger die Potentiale $(D^\alpha \Phi)\, \mu$, $(D^\alpha \Phi)^*\, \mu$ bzw. darüber hinaus für Systeme $L = L(\{\mu_\alpha\})$ mit kompaktem Träger die Potentiale $\Phi\, L$, $\Phi^*\, L$ annähernd überall definiert und endlich sind.

Beweis. Es sei $\mu \geqq 0$ mit $\operatorname{supp} \mu$ kompakt gegeben. Dann gilt für alle $\lambda \in F^+(\Phi)$ (wegen (3.3)) $\int (D^\alpha \Phi)^+(x, y)\, d\lambda(x) < +\infty$ und folglich

$$\int [\int (D^\alpha \Phi)^+(x, y)\, d\lambda(x)]\, d\mu(y) < +\infty\,. \tag{4.3}$$

Angenommen, es ist

$$\int (D^\alpha \Phi)^+(x, y)\, d\mu(y) = +\infty \text{ auf einer Menge } B \text{ mit } \mathfrak{C}_\Phi(B) \neq 0\,. \tag{4.4}$$

Dann existiert eine kompakte Menge $K \subset B$ mit $\mathfrak{C}_\Phi(K) \neq 0$. Nach Satz 4.1 gibt es ein $\lambda \in F^+(\Phi)$ mit $\lambda(K) \neq 0$, und wegen Hilfssatz 4.1 gilt $\lambda_K \in F^+(\Phi)$. Aus $\lambda_K(K) = \lambda(K) \neq 0$ und (4.4) schließt man weiter

$$\int [\int (D^\alpha \Phi)^+(x, y)\, d\lambda_K(x)]\, d\mu(y) = \int [\int (D^\alpha \Phi)^+(x, y)\, d\mu(y)]\, d\lambda_K(x) = +\infty\,,$$

im Widerspruch zu (4.3). Also ist $(D^\alpha \Phi)^+ \mu$ annähernd überall endlich. Analog verläuft der Beweis für $(D^\alpha \Phi)^- \mu$ und die adjungierten Potentiale. Die weiteren Aussagen von Satz 4.3 ergeben sich unmittelbar aus dem Vorangehenden und der Definition der entsprechenden Potentiale in § 3 □.

§ 5. Weitere Untersuchungen über Mengen der Kapazität Null

1. Der Begriff der gleichmäßigen Konvergenz eines parameterabhängigen Integrals

Die folgende Definition ist eine formale Übertragung des klassischen Begriffs der gleichmäßigen Konvergenz eines von einem Parameter abhängigen Integrals auf den Fall allgemeiner RADONscher Maße (vgl. zum Beispiel A. N. TYCHONOFF, A. A. SAMARSKI [1], S. 320, im Fall des RIEMANN-Integrals). Wir werden diesen Begriff mehrfach zum Beweis der stetigen Differenzierbarkeit von Potentialen heranziehen.

Es sei $H(x, y)$ eine auf dem Produktraum $R^n \times R^n$ definierte, universell meßbare Funktion, die für alle (x, y) mit $x \neq y$ stetig ist. Ist μ ein positives Maß mit kompaktem Träger, so betrachten wir das Integral

$$J(x) = \int H(x, y)\, d\mu(y)\,.$$

$K_\delta(x)$ bezeichne eine (abgeschlossene) Kugel mit dem Radius δ um den Punkt $x \in R^n$ und μ_K die Einschränkung des Maßes μ auf eine kompakte Menge K.

Definition 5.1. Das Integral $J(x)$ heiße im Punkt $x = x_0$ *gleichmäßig konvergent*, wenn es zu jedem $\varepsilon > 0$ ein $\delta(\varepsilon) > 0$ derart gibt, daß für jeden Punkt $x \in K_\delta(x_0)$ und jede kompakte Menge $K \subset K_\delta(x_0)$ die Ungleichung

$$\left| \int H(x, y)\, d\mu_K(y) \right| < \varepsilon$$

besteht.

Hilfssatz 5.1. *Falls das Integral $J(x)$ im Punkte $x = x_0$ gleichmäßig konvergiert, so ist es dort stetig.*

Beweis. Wir zerlegen das Maß μ und damit J gemäß $\mu = \mu_\delta + \mu_\delta'$ ($\mu_\delta = \mu_{K_\delta(x_0)}$, $\mu_\delta' = \mu_{R^n \setminus K_\delta(x_0)}$),

$$J(x) = \int H(x, y)\, d\mu_\delta(y) + \int H(x, y)\, d\mu_\delta'(y) = J_1(x) + J_2(x)\,.$$

Es gilt die Abschätzung

$$|J(x) - J(x_0)| \leqq |J_2(x) - J_2(x_0)| + |J_1(x_0)| + |J_1(x)|\,.$$

$\varepsilon > 0$ werde vorgegeben. Die beiden Summanden $|J_1(x_0)|$ und $|J_1(x)|$ lassen sich dann auf Grund der vorausgesetzten gleichmäßigen Konvergenz für genügend kleines $\delta(\varepsilon)$ kleiner als $\frac{\varepsilon}{3}$ machen. Wegen $x_0 \notin \operatorname{supp} \mu_\delta'$ ist weiter das Integral J_2 in x_0 stetig, also existiert ein $\delta_1(\varepsilon)$ mit $|J_2(x) - J_2(x_0)| < \frac{\varepsilon}{3}$ für $|x - x_0| < \delta_1(\varepsilon)$. Es gilt also $|J(x) - J(x_0)| < \varepsilon$ für $|x - x_0| < \delta_2(\varepsilon) \coloneqq \min\big(\delta(\varepsilon), \delta_1(\varepsilon)\big)$ □.

2. Vergleich mit den Mengen der Kapazität Null bei der Potentialgleichung

Im folgenden sei Φ wieder ein ganz beliebiger der in § 3 eingeführten Kerne. Im Rahmen der hier vorgelegten Theorie kommt den Mengen der Φ-Kapazität Null eine zentrale Bedeutung zu. Nach G. Anger [5] ist der Kapazitätsbegriff nach Definition 4.2 für den Fall der Potentialgleichung zu dem in der Literatur geläufigen Begriff der inneren Kapazität (vgl. M. Brelot [1], G. Choquet [1]) äquivalent. Es ist daher von besonderem Interesse, die zu einer Differentialgleichung (3.1) gehörigen Mengen der Φ-Kapazität Null mit den bekannten klassischen Mengen der inneren Kapazität Null bei der Potentialgleichung zu vergleichen. Wir werden beweisen, daß für n ungerade und $n = 2$ jede Menge der Φ-Kapazität Null auch bezüglich der Potentialgleichung von der Kapazität Null ist, d. h. im klassischen Sinne eine Menge der inneren Kapazität Null darstellt.

Zur Formulierung von Hilfssatz 5.2 sei $K(x, y)$ eine in $R^n \times R^n$ definierte Funktion mit folgenden Eigenschaften:

1. $K(x, y) \geqq 0$ für alle $(x, y) \in R^n \times R^n$.
2. $K(x, y)$ ist bei festem x bzw. y bezüglich y bzw. x universell meßbar.
3. $K(x, y)$ ist in allen Punkten $(x, y) \in R^n \times R^n$ mit $x \neq y$ stetig.

Hilfssatz 5.2. *Es sei $\mu \geqq 0$ ein Maß mit kompaktem Träger. Das Integral $J(x) = \int K(x, y)\, d\mu(y)$ sei im Punkte x_0 stetig. Dann ist dieses Integral in x_0 gleichmäßig konvergent. Insbesondere ist das Potential $\Phi_P\, \lambda(x)$ $\big(\lambda \in F^+(\Phi_P)\big)$ in jedem Punkt $x \in R^n$ gleichmäßig konvergent.*

Beweis. Wir zerlegen das Maß μ gemäß $\mu = \mu_\delta + \mu'_\delta$ (vgl. den Beweis zu Hilfssatz 5.1). Entsprechend hat man dann eine Zerlegung $J(x_0) = J'(x_0) + J''(x_0)$ $\big(J'(x_0) = \int K(x_0, y)\, d\mu_\delta(y),\ J''(x_0) = \int K(x_0, y)\, d\mu'_\delta(y)\big)$. Auf Grund der gemachten Voraussetzungen bezüglich J existiert zu vorgegebenem $\varepsilon > 0$ ein $\delta_1(\varepsilon) > 0$, so daß $J'(x_0) < \varepsilon$ für $\delta < \delta_1(\varepsilon)$ (vgl. etwa O. FROSTMANN [1], S. 25). Weiter ist wegen $x_0 \notin \operatorname{supp} \mu'_\delta$ und der Voraussetzung 3 an $K(x, y)$ das Integral $J''(x)$ und wegen $J(x) = J'(x) + J''(x)$ auch $J'(x)$ in x_0 stetig. Daher existiert ein δ_2 mit $0 < \delta_2 \leqq \delta_1$ und $J'(x) < \varepsilon$ für alle $x \in K_{\delta_2}(x_0)$. Ist K eine beliebige kompakte Teilmenge von $K_{\delta_2}(x_0)$, so gilt wegen $\mu_K \leqq \mu_{\delta_1}$

$$\int K(x, y)\, d\mu_K(y) \leqq J'(x) < \varepsilon$$

für alle $x \in K_{\delta_2}(x_0)$. Das ist aber gerade der erste Teil der Behauptung. Da es für den Beweis offensichtlich nur darauf ankommt, daß die Funktion $K(x, y)$ für eine gewisse Umgebung $x \in K_\delta(x_0)$, $y \in K_\delta(x_0)$ das gleiche Vorzeichen hat, ist auch der zweite Teil der Aussage unmittelbar klar □.

Hilfssatz 5.3. *Für einen beliebigen der in § 3 eingeführten Kerne $\Phi(x, y)$ gilt im Falle n ungerade und $n = 2$ stets $F^+(\Phi_P) \subset F^+(\Phi)$.*

Beweis. Es sei $\lambda \in F^+(\Phi_P)$. Wir zeigen, daß stets daraus $\lambda \in F^+(\Phi)$ folgt. Zunächst betrachten wir $n \geqq 3$ ungerade. Es muß gezeigt werden, daß die Funktionen $(D^\alpha \Phi)^+ \lambda$ und $(D^\alpha \Phi)^- \lambda$ für alle α mit $|\alpha| \leqq 2m - 2$ stetig sind. Wir wählen einen festen Punkt $x_0 \in R^n$ sowie ein festes $\delta > 0$ und zerlegen λ in die Summe $\lambda = \lambda_\delta + \lambda'_\delta$. Für alle α mit $|\alpha| \leqq 2m - 2$ besteht dann die Zerlegung

$$(D^\alpha \Phi)^+ \lambda = (D^\alpha \Phi)^+ \lambda_\delta + (D^\alpha \Phi)^+ \lambda'_\delta\,.$$

Wegen $x_0 \notin \operatorname{supp} \lambda'_\delta$ ist $(D^\alpha \Phi)^+ \lambda'_\delta$ in x_0 stetig. Wir zeigen, daß auch $(D^\alpha \Phi)^+ \lambda_\delta$ in x_0 stetig ist. Aus $(3.10)_1$ folgt, daß für $x \in K_\delta(x_0)$, $y \in K_\delta(x_0)$ die folgenden Abschätzungen gelten:

$$(D^\alpha \Phi)^+ (x, y) \leqq C^+_\alpha\, |x - y|^{2-n}\,, \quad (D^\alpha \Phi)^- (x, y) \leqq C^-_\alpha\, |x - y|^{2-n}\,. \tag{5.1}$$

C^+_α und C^-_α sind positive Konstanten, die nur von α abhängen. Zu den Abschätzungen (5.1) gelangt man folgendermaßen. Man denkt sich den gesamten Winkelraum in disjunkte Teilbereiche zerlegt und in jedem dieser Bereiche durch verschiedene Wahl des Parameters η den Kern $\Phi(x, y)$ gemäß (3.5) verschieden dargestellt. In jedem der einzelnen Bereiche ist dann eine Abschätzung der Form (5.1) möglich. Die für alle $x \in K_\delta(x_0)$, $y \in K_\delta(x_0)$ gültige Ungleichung erhält man schließlich durch Wahl der maximalen Konstanten. Aus (5.1) folgt nun für $x \in K_\delta(x_0)$

$$(D^\alpha \Phi)^+ \lambda_\delta(x) = \int (D^\alpha \Phi)^+ (x, y)\, d\lambda_\delta(y) \leqq C^+_\alpha \int \frac{d\lambda_\delta(y)}{|x - y|^{n-2}}\,. \tag{5.2}$$

Wegen $\lambda \in F^+(\Phi_P)$ ist weiter nach Hilfssatz 4.1 $\lambda_\delta \in F^+(\Phi_P)$. Folglich ist nach Hilfssatz 5.2 das Potential $\Phi_P \lambda_\delta$ in x_0 gleichmäßig konvergent. Das bedeutet aber, da die Ungleichung (5.2) für alle positiven Maße μ mit $\operatorname{supp} \mu \subset K_\delta(x_0)$ und alle $x \in K_\delta(x_0)$ besteht, daß das Integral $(D^\alpha \Phi)^+ \lambda_\delta$ ebenfalls in x_0 gleichmäßig konvergiert und nach Hilfssatz 5.1 dort stetig ist. Entsprechendes gilt für $(D^\alpha \Phi)^- \lambda_\delta$. Weil x_0 beliebig war, sind also diese Funktionen überall stetig.

Für $n = 2$ läuft der Beweis ganz analog. Man hat nur an Stelle von (5.1) die für $x \in K_\delta(x_0)$, $y \in K_\delta(x_0)$ gültigen Abschätzungen

$$(D^\alpha \Phi)^+ (x, y) \leqq D_\alpha^+ |\ln |x - y||, \quad (D^\alpha \Phi)^- (x, y) \leqq D_\alpha^- |\ln |x - y|| \quad (5.1)'$$

zu benutzen □.

Hilfssatz 5.4. Φ_1 und Φ_2 seien zwei Kerne mit $F^+(\Phi_1) \subset F^+(\Phi_2)$. Dann folgt aus $\mathfrak{C}_{\Phi_2}(B) = 0$ stets $\mathfrak{C}_{\Phi_1}(B) = 0$.

Beweis. Nach Folgerung 1 zu Definition 4.2 besteht für jede kompakte Menge $K \subset B$ die Menge $F_K^+(\Phi_2)$ nur aus dem Nullelement, Wegen $F^+(\Phi_1) \subset F^+(\Phi_2)$ gilt dann dasselbe für die Menge $F_K^+(\Phi_1)$. Das bedeutet aber $\mathfrak{C}_{\Phi_1}(B) = 0$ □.

Satz 5.1. $B \subset R^n$ *(n ungerade bzw. $n = 2$) sei eine Menge mit* $\mathfrak{C}_\Phi(B) = 0$. *Dann folgt daraus* $\mathfrak{C}_{\Phi_P}(B) = 0$.

Der Beweis folgt sofort aus den Hilfssätzen 5.3 und 5.4.

Bemerkung 5.1. *Es sei $B \subset R^n$ (n beliebig) eine beschränkte* Borel-*Menge mit* $\mathfrak{C}_\Phi(B) = 0$. *Dann ist B auch vom* Lebesgue*schen Maße Null.*

Beweis. Es sei $B \subset R^n$ eine beschränkte Borel-Menge mit $\mathfrak{C}_\Phi(B) = 0$, K_0 eine B im Innern enthaltende Kugel und $\lambda: f \to \int f(x) \varphi_{K_0}(x)\, dx$ $(f \in C_0(R^n))$ die Einschränkung des Lebesgue-Maßes auf K_0. Es sei zunächst n ungerade oder $n = 2$. Nach den klassischen Sätzen der Potentialtheorie (vgl. N. M. Günter [1]) gilt $\lambda \in F^+(\Phi_P)$ und nach Hilfssatz 5.3 weiter $\lambda \in F^+(\Phi)$. Angenommen, die Menge B ist von positivem Lebesgue-Maß, d. h. $\lambda(B) > 0$. Dann existiert eine kompakte Menge $K \subset B$ mit $\lambda(K) > 0$. Nach Hilfssatz 4.1 ist $\lambda_K \in F^+(\Phi)$. Wegen $\lambda_K(K) = \lambda(K) > 0$ folgt daraus $\mathfrak{C}_\Phi(K) > 0$ und $\mathfrak{C}_\Phi(B) > 0$ im Widerspruch zur Voraussetzung. Also gilt $\lambda(B) = 0$. Es sei jetzt $n > 3$ gerade. In diesem Falle kann (in Anlehnung an die Beweisführung von Hilfssatz 5.3) $\lambda \in F^+(\Phi)$ wie folgt nachgewiesen werden. Es gelten die aus $(3.10)_2$ folgenden Abschätzungen

$$(D^\alpha \Phi)^+ (x, y) \leqq C_\alpha^+ |x - y|^{1-n}, \quad (D^\alpha \Phi)^- (x, y) \leqq C_\alpha^- |x - y|^{1-n}. \quad (5.3)$$

Nach G. Anger [5], S. 10, ist die Funktion $\int |x - y|^{1-n} d\lambda(y)$ im ganzen Raum stetig. Aus Hilfssatz 5.2 folgt dann, daß sie auch in jedem Punkt gleichmäßig konvergiert, woraus sich unter Verwendung von (5.3) ganz analog dem Beweis von Hilfssatz 5.3 ergibt, daß die Potentiale $(D^\alpha \Phi)^+ \lambda$ und $(D^\alpha \Phi)^- \lambda$ stetig sind. Da aus den Eigenschaften des Lebesgue-Maßes $\lambda(X_i) = 0$ für jede Gerade X_i gilt, ist daher $\lambda \in F^+(\Phi)$ gezeigt. Damit ist der Anschluß an den ersten Teil des Beweises hergestellt □.

Wir haben also bewiesen, daß die zu einer Differentialgleichung (3.1) gehörigen Mengen der Φ-Kapazität Null sehr „fein", insbesondere „feiner" als die Lebesgueschen Nullmengen sind.

3. Der Fall der polyharmonischen Gleichung und verwandter Typen

Bei den in diesem Paragraphen betrachteten Differentialgleichungen können über Satz 5.1 und Bemerkung 5.1 hinausgehende Eigenschaften der Mengen der Φ-Kapazität Null bewiesen werden. Dies soll im folgenden geschehen.

Satz 5.2. *Es sei $\Phi(x, y)$ der zur Differentialgleichung $\Delta^m u = 0$ gehörige Kern. Dann folgt im Falle beliebiger Dimension für eine Menge $B \subset R^n$* aus $\mathfrak{C}_\Phi(B) = 0$ *stets* $\mathfrak{C}_{\Phi_P}(B) = 0$.

Beweis. Da auf Grund der in § 3, Abschnitt 2, angegebenen Formeln für $D^\alpha \Phi$ auch in den Fällen $n > 3$ gerade die Abschätzungen (5.1) gelten, kann hier $F^+(\Phi_P) \subset F^+(\Phi)$ für alle n bewiesen werden. Aus Hilfssatz 5.4 folgt dann die Behauptung $\square$.

Hilfssatz 5.5. *Es sei $\Phi(x, y)$ der zur Differentialgleichung $\Delta^m u = 0$ gehörige Kern. Dann gilt für alle Werte von m und n $F^+(\Phi) \subset F^+(\Phi_P)$.*

Beweis. Es sei $\lambda \in F^+(\Phi)$. Wir bilden den Ausdruck

$$u(x, y) = \Delta^{m-1}\, \Phi(x, y)\,.$$

Wegen $\Delta^m \Phi(x, y) = \delta_y$ genügt $u(x, y)$ der Gleichung

$$\Delta u(x, y) = \delta_y\,.$$

Da sich zwei verschiedene Fundamentallösungen derselben Differentialgleichung nur um eine Lösung der zugehörigen homogenen Differentialgleichung unterscheiden können, folgt daraus

$$u(x, y) = \Phi_P(x, y) + w(x, y)\,, \tag{5.4}$$

wobei $w(x, y)$ in $R^n \times R^n$ definiert und stetig ist. Nach Voraussetzung $\big(\lambda \in F^+(\Phi)!\big)$ ist die Funktion $\int u(x, y)\, d\lambda(y)$ im ganzen Raum stetig, denn die in den Ausdruck $\Delta^{m-1}\Phi$ eingehenden Ableitungen von Φ erzeugen stetige Potentiale, und wegen (5.4) und der Stetigkeit von $w(x, y)$ bedeutet dies, daß $\Phi_P\lambda(x)$ stetig ist. Nach Definition 4.1 erhalten wir $\lambda \in F^+(\Phi_P)$ $\square$.

Satz 5.3. *Es sei $\Phi(x, y)$ der zur Differentialgleichung $\Delta^m u = 0$ gehörige Kern. Dann ist eine Menge $B \subset R^n$ genau dann von der Φ-Kapazität Null, wenn sie von der Φ_P-Kapazität Null ist.*

Der Beweis folgt unmittelbar aus Satz 5.2, Hilfssatz 5.5 und Hilfssatz 5.4.

Auf Grund der Bemerkungen am Beginn von Abschnitt 2 dieses Paragraphen besitzen nach Satz 5.3 im Falle der polyharmonischen Differentialgleichung die Mengen der Φ-Kapazität Null alle aus der Potentialtheorie bekannten Eigenschaften der Mengen der inneren Kapazität Null, da für deren Beweis die Normierungsbedingung der Kapazitätsdefinition nicht benötigt wird. Zum Beispiel ist jede Borel-Menge der Φ-Kapazität Null auch vom Lebesgueschen Maße Null. Die Umkehrung gilt jedoch nicht. Die Mengen der Φ-Kapazität Null sind wesentlich feiner als die Lebesgueschen Nullmengen. Wegen $F^+(\Phi) = F^+(\Phi_P)$ ergeben sich aus den angeführten Gründen nachträglich Hilfssatz 4.1, Satz 4.1 und Satz 4.2 nochmals als Folgerungen aus den entsprechenden, nach G. Anger [1] für die Potentialgleichung bekannten Sätzen.

Dem Beweis von Hilfssatz 5.5 kann man entnehmen, daß bereits aus der Voraussetzung der Stetigkeit von $\int \Delta^{m-1}\, \Phi(x, y)\, d\lambda(y)$ die Stetigkeit von $\Phi_P\,\lambda$ folgt, woraus sich für $n \geqq 3$ weiter nach Bemerkung 4.1 $\lambda(X_i) = 0$ für alle Geraden X_i, d. h. $\lambda \in F^+(\Phi_P)$ und nach Hilfssatz 5.3 und der Bemerkung im Beweis zu Satz 5.2 $\lambda \in F^+(\Phi)$ ergibt. Deshalb kann die Definition 4.2 im Falle der Differentialgleichung $\Delta^m u = 0$ erheblich vereinfacht werden.

Falls der Differentialoperator $\mathcal{L}$ die Form $\mathcal{L} = \Delta \mathcal{L}_1$ hat, d. h. falls das Polynom

$$\mathcal{L}(\xi) = \sum_{|\alpha| \leqq 2m} a_\alpha \xi^\alpha$$

die Produktdarstellung

$$\mathcal{L}(\xi) = (\xi_1^2 + \cdots + \xi_n^2) \sum_{|\alpha| \leqq 2m-2} b_\alpha \xi^\alpha$$

gestattet, läßt sich die Schlußweise von Hilfssatz 5.5 und Satz 5.3 ebenfalls anwenden. Man hat nur an Stelle $\Delta^{m-1}\Phi(x, y)$ den Ausdruck $u(x, y) = \mathcal{L}_1\Phi(x, y)$ zu betrachten. Also gilt

Satz 5.4. *Es sei $\mathcal{L}$ ein elliptischer Differentialoperator, der eine Zerlegung $\mathcal{L} = \Delta \mathcal{L}_1$ gestattet, und $\Phi(x, y)$ der zu $\mathcal{L}$ gehörige Kern. Dann ist in den Fällen n ungerade und $n = 2$ eine Menge $B \subset R^n$ genau dann von der Φ-Kapazität Null, wenn sie von der Φ_P-Kapazität Null ist. Für $n > 3$ gerade folgt aus $\mathfrak{C}_{\Phi_P}(B) = 0$ stets $\mathfrak{C}_\Phi(B) = 0$.*

Bemerkung 5.2. *Es sei $n \geqq 3$. Für die in diesem Abschnitt betrachteten Differentialoperatoren vom Typ $\mathcal{L} = \Delta \mathcal{L}_1$ gilt analog Bemerkung 4.1, daß die in Definition 4.1 formulierte Zusatzbedingung $\lambda(X_i) = 0$ automatisch erfüllt ist.*

Beweis. Aus der vorausgesetzten Stetigkeit von $(D^\alpha \Phi)^+ \lambda$ und $(D^\alpha \Phi)^- \lambda$ für $|\alpha| = 2m - 2$ folgt entsprechend dem Beweis von Hilfssatz 5.5 die Stetigkeit von $\Phi_P \lambda$ und daraus nach Bemerkung 4.1 $\lambda(X_i) = 0$ $\square$.

In [3] (man vergleiche auch [10] sowie G. Anger und G. Wildenhain [1]) wurde für gewöhnliche Differentialgleichungen mit konstanten Koeffizienten ein Kapazitätsbegriff eingeführt. In diesem Falle können die Mengen der Kapazität Null mengentheoretisch charakterisiert werden [9].

§ 6. Stetig differenzierbare Potentiale

1. Vertauschbarkeit von Differentiation und Integration

In diesem Paragraphen sei Φ für $n \geqq 3$ ein beliebiger der in § 3 definierten Kerne. Für $n = 2$ machen wir die folgende Voraussetzung.

Bei festem $y \in R^2$ und variablem $x \in X_i$ (vgl. § 3) genüge die Funktion $\psi_i^{\alpha,y}(x_i) = (D^\alpha \Phi)(x, y)$ für $|\alpha| \leqq 2m - 3$, alle $y \in R^2$ und alle $x \in X_i$, $a = (a_1, a_2) \in X_i$ der Beziehung

$$(D^\alpha \Phi)(x, y) = (D^\alpha \Phi)(a, y) + \int_{a_i}^{x_i} D_{\xi_i}(D^\alpha \Phi)(\xi, y)\, d\xi_i\,.$$

Dabei ist ξ der Integrationspunkt mit der variablen Koordinate ξ_i $(i = 1, 2)$ und D_{ξ_i} bedeutet Differentiation nach ξ_i.

Nach Hilfssatz 3.2 ist diese Bedingung zum Beispiel für die Gleichung $\Delta^m u = 0$ erfüllt.

Satz 6.1. *Es sei $\lambda \in F^+(\Phi)$. Dann ist das Potential $\Phi\lambda$ $(2m - 2)$-mal stetig differenzierbar, und es gilt für alle α mit $|\alpha| \leqq 2m - 2$*

$$D^\alpha \int \Phi(x, y)\, d\lambda(y) = \int (D^\alpha \Phi)(x, y)\, d\lambda(y)\,. \tag{6.1}$$

Beweis. Berücksichtigt man die Voraussetzung an die Kerne im Falle $n = 2$ und die Forderungen, die im Falle $n \geqq 3$ an $\lambda \in F^+(\Phi)$ gestellt wurden $(\lambda(X_i) = 0!)$, so ergibt sich, daß für eine beliebige Gerade X_i und $a \in X_i$, $x \in X_i$ für fast alle $y \in R^n$ (bezüglich λ) und alle α mit $|\alpha| \leqq 2m - 3$ die Beziehung

$$(D^\alpha \Phi)(x, y) = (D^\alpha \Phi)(a, y) + \int_{a_i}^{x_i} D_{\xi_i}(D^\alpha \Phi)(\xi, y)\, d\xi_i \tag{6.2}$$

besteht, denn für $y \notin X_i$ gilt (6.2) auf Grund des Hauptsatzes der Differential- und Integralrechnung. Hieraus und aus den sonstigen Voraussetzungen über λ folgt, daß man in (6.2) beide Seiten bezüglich λ integrieren kann und man daraus die folgende Gleichheit erhält:

$$\int (D^\alpha\Phi)(x, y)\, d\lambda(y) = \int (D^\alpha\Phi)(a, y)\, d\lambda(y) + \int \Big[\int_{a_i}^{x_i} D_{\xi_i}(D^\alpha \Phi)(\xi, y)\, d\xi_i\Big]\, d\lambda(y)\,.$$

Nach dem Satz von Fubini ist dies äquivalent zu

$$\int (D^\alpha\Phi)(x, y)\, d\lambda(y) = \int (D^\alpha\Phi)(a, y)\, d\lambda(y) + \int_{a_i}^{x_i} \Big[\int D_{\xi_i}(D^\alpha \Phi)(\xi, y)\, d\lambda(y)\Big]\, d\xi_i\,.$$

Hieraus folgt nach einem Satz von Lebesgue über die Differentiation eines unbestimmten Integrals (I. P. Natanson [1], S. 258)

$$D_{x_i} \int (D^\alpha\Phi)(x, y)\, d\lambda(y) = \int D_{x_i}(D^\alpha \Phi)(x, y)\, d\lambda(y) \tag{6.3}$$

fast überall auf X_i bezüglich des eindimensionalen Lebesgueschen Maßes. Da die rechte Seite von (6.3) nach Voraussetzung für alle $x \in R^n$ bezüglich der Topologie des R^n und folglich erst recht bezüglich der auf X_i vom R^n induzierten Topologie stetig ist, folgt ebenfalls aus einem Satz der Maßtheorie (I. P. Natanson [1], S. 259), daß die Beziehung (6.3) für alle $x \in X_i$ besteht. Also ist das Potential $\Phi\lambda$ $(2m - 2)$-mal stetig differenzierbar, und es gilt (6.1). Die Gleichung (6.3) läßt sich, ausgehend von der darüberstehenden Beziehung und unter Benutzung des 1. Mittelwertsatzes der Integralrechnung sowie der Stetigkeit von $\int D_{x_i}(D^\alpha \Phi)(x, y)\, d\lambda(y)$, auch direkt beweisen $\square$.

Die hier benutzte Idee zum Beweis der Vertauschbarkeit von Differentiation und Integration geht auf G. C. Evans [1] zurück und wurde von G. Anger [5] für eine allgemeine Kerntheorie systematisch ausgebaut.

2. Ein Approximationssatz

Mit $F(\Phi)$ wollen wir den aus $F^+(\Phi)$ erzeugten Vektorraum bezeichnen. $H(\Phi)$ sei der Vektorraum aller durch die Maße $\lambda \in F(\Phi)$ erzeugten Potentiale

$$F(\Phi) = \{\lambda = \lambda_1 - \lambda_2, \lambda_1 \in F^+(\Phi), \lambda_2 \in F^+(\Phi)\}\,,$$

$$H(\Phi) = \{\Phi\lambda(x) = \int \Phi(x, y)\, d\lambda(y), \lambda \in F(\Phi)\}\,.$$

Nach Definition ist $\Phi\lambda = \Phi\lambda^+ - \Phi\lambda^-$. Unter Benutzung von $\lambda^+ \leqq \lambda_1$, $\lambda^- \leqq \lambda_2$ zeigt man jedoch ohne Schwierigkeiten, daß für $\lambda = \lambda_1 - \lambda_2$ $(\lambda_1, \lambda_2 \in F^+(\Phi))$ stets $\Phi\lambda = \Phi\lambda^+ - \Phi\lambda^- = \Phi\lambda_1 - \Phi\lambda_2$ gilt. Man vergleiche hierzu G. Anger [5], S. 10. Nach Satz 6.1 gilt $H(\Phi) \subset C^{2m-2}(R^n)$. Im Rahmen der vorliegenden

Theorie nimmt auch der folgende Satz 6.2 eine zentrale Stellung ein. Er wird für viele Beweise grundlegend sein.

Hilfssatz 6.1. *Für beliebiges k ist der Raum $C_0^\infty(R^n)$ im folgenden Sinne dicht im Raum $C_0^k(R^n)$. Es sei $\varepsilon > 0$ und $f \in C_0^k(R^n)$ beliebig vorgegeben. Dann existiert ein $\varphi \in C_0^\infty(R^n)$ mit*

$$\sum_{|\alpha| \leqq k} \sup_{x \in R^n} |D^\alpha f(x) - D^\alpha \varphi(x)| < \varepsilon .$$

$\varphi \in C_0^\infty(R^n)$ kann darüber hinaus so gewählt werden, daß supp φ *in einer beliebig vorgegebenen Umgebung von* supp f *enthalten ist.*

Der Beweis von Hilfssatz 6.1 ist eine naheliegende Modifikation des Beweises von L. Schwartz [1], S. 21. $H_0(\Phi)$ bezeichne den Teilraum aller derjenigen Funktionen aus $H(\Phi)$, die einen kompakten Träger besitzen.

Satz 6.2. *Der Raum $H_0(\Phi)$ ist in folgendem Sinne dicht im Raum $C_0^k(R^n)$ $(0 \leqq k \leqq 2m - 2)$. Zu beliebigem $f \in C_0^k(R^n)$ und $\varepsilon > 0$ existiert ein $h \in H_0(\Phi)$ mit*

$$\sum_{|\alpha| \leqq k} \sup_{x \in R^n} |D^\alpha f(x) - D^\alpha h(x)| < \varepsilon .$$

Das Potential h kann so gewählt werden, daß der Träger in einer beliebig vorgebbaren Umgebung von supp f *enthalten ist.*

Beweis. Es seien $f \in C_0^k(R^n)$ $(0 \leqq k \leqq 2m - 2)$, $\varepsilon > 0$ und eine Umgebung von supp f vorgegeben. Nach Hilfssatz 6.1 existiert eine Funktion $\varphi \in C_0^\infty(R^n)$, die f in dem gewünschten Sinne approximiert. Wir zeigen, daß φ als Potential $h \in H(\Phi)$ darstellbar ist. Es bezeichne $(\mathscr{L}[\varphi])^+$ und $(\mathscr{L}[\varphi])^-$ den Positiv- bzw. Negativteil der Funktion $(\mathscr{L}[\varphi])(x)$, wobei $\mathscr{L}$ der zum Kern Φ gehörige Differentialoperator sei. Nach den bekannten klassischen Sätzen der Potentialtheorie erzeugen die Maße $\lambda_\varphi^+: f \to \int f(x) (\mathscr{L}[\varphi])^+ (x)\, dx$ und $\lambda_\varphi^-: f \to \int f(x) (\mathscr{L}[\varphi])^- (x)\, dx$ stetige Potentiale $\Phi_P \lambda_\varphi^+$ und $\Phi_P \lambda_\varphi^-$ (vgl. N. M. Günter [1]). Nach Bemerkung 4.1 und Hilfssatz 5.3 folgt daraus im Falle n ungerade bzw. $n = 2$ $\lambda_\varphi^+ \in F^+(\Phi)$, $\lambda_\varphi^- \in F^+(\Phi)$. Da nach G. Anger [5], S. 10, die Funktionen $\int |x - y|^{1-n}\, d\lambda_\varphi^+(y)$ und $\int |x - y|^{1-n}\, d\lambda_\varphi^-(y)$ für $n > 2$ stetig sind und $\lambda(X_i) = 0$ für die Geraden X_i gilt, ergibt sich analog dem zweiten Teil des Beweises von Bemerkung 5.1 auch für $n > 3$ gerade $\lambda_\varphi^+ \in F^+(\Phi)$ und $\lambda_\varphi^- \in F^+(\Phi)$. Also ist das Maß $\lambda_\varphi: f \to \int f(x)\, \mathscr{L}[\varphi](x)\, dx$ wegen $\lambda_\varphi = \lambda_\varphi^+ - \lambda_\varphi$ ein Element von $F(\Phi)$. Nun gilt aber auf Grund der Definition von Φ nach (3.4) für alle $x \in R^n$ $\int \Phi(x, y)\, \mathscr{L}[\varphi](y)\, dy = \int \Phi(x, y)\, d\lambda_\varphi(y) = \Phi \lambda_\varphi(x) = \varphi(x)$, d. h., φ ist als Potential $\Phi \lambda \in H(\Phi)$ darstellbar □.

Der Beweis von Satz 6.2 beruht auf einer Idee von G. Anger [6] und bedeutet gegenüber der Beweistechnik von [5] eine wesentliche Vereinfachung.

§ 7. Kapazitätstheorie bei linearen elliptischen Differentialgleichungen mit variablen Koeffizienten

Es sei

$$\mathscr{L}[u] = \sum_{|\alpha| \leqq k} a_\alpha(x)\, D^\alpha u$$

ein linearer Differentialoperator der Ordnung k im R^n mit reellen variablen Koeffizienten $a_\alpha(x)$. $\mathcal{L}$ heißt im Punkte $x \in R^n$ *elliptisch*, falls für die charakteristische Form

$$\mathcal{L}_0(x, \xi) = \sum_{|\alpha|=k} a_\alpha(x)\, \xi^\alpha$$

aus $\xi = (\xi_1, \ldots, \xi_n) \neq 0$ (ξ_i reell) nicht $\mathcal{L}_0(x, \xi) = 0$ folgt. Wir setzen voraus, daß $\mathcal{L}$ für alle $x \in R^n$ elliptisch ist. Wie im Falle konstanter Koeffizienten folgt daraus $k = 2\,m$ (vgl. S. Agmon, A. Douglis, L. Nirenberg [1]). Der *formal adjungierte Operator* $\mathcal{L}^*$ zu $\mathcal{L}$ ist durch den Ausdruck

$$\mathcal{L}^*[u] = \sum_{|\alpha| \leqq 2m} (-1)^{|\alpha|} D^\alpha\big(a_\alpha(x)\, u(x)\big)$$

definiert, falls die Koeffizienten die entsprechenden Differenzierbarkeitsbedingungen erfüllen. Wir wollen im folgenden annehmen, daß die $a_\alpha(x)$ in einem Gebiet $V \subset R^n$ analytische Funktionen sind. Eine Funktion $\Phi(x, y)$ ($x \in U$, $y \in U$, $U \subset V$) heißt eine *Fundamentallösung* von $\mathcal{L}$ in U mit der Singularität im Punkte y, falls für alle $\varphi \in C_0^\infty(U)$, d. h. für alle beliebig oft differenzierbaren Funktionen mit supp $\varphi \subset U$,

$$\varphi(y) = \int \Phi(x, y)\, \mathcal{L}^*[\varphi]\,(x)\, dx \tag{7.1}$$

gilt. Im Sinne der Distributionentheorie folgt daraus $\mathcal{L}[\Phi] = \delta_y$ in U. (7.1) verlangt jedoch etwas mehr, nämlich die lokale Integrierbarkeit von Φ. Die angegebene Definition der Fundamentallösung reduziert sich im Falle konstanter Koeffizienten auf die entsprechende Definition in § 3. Nach F. John [1], [2] gibt es nun zu jedem Punkt $z \in V$ eine Umgebung $U \subset V$, für welche eine Fundamentallösung existiert. Diese ist für $(x, y) \in U \times U$ definiert, für $x \neq y$ sowohl bezüglich x als auch bezüglich y analytisch und genügt bezüglich x für $x \neq y$ der Differentialgleichung $\mathcal{L}[\Phi] = 0$. Betreffs der Eindeutigkeit gilt dasselbe wie im Falle konstanter Koeffizienten. Wir beziehen uns hier auf die durch die Konstruktion von F. John [1] eindeutig definierte Fundamentallösung, d. h. auf einen in $U \times U$ eindeutig erklärten Kern $\Phi(x\ y)$. Mit $\zeta = \dfrac{x - y}{|x - y|}$ und derselben Bedeutung von η wie im Falle konstanter Koeffizienten gilt hierfür im Falle n ungerade

$$\Phi(x, y) = |x - y|^{2m-n} A_\eta\,(x, y, \zeta, |x - y|) \tag{7.2}$$

und im Falle n gerade

$$\begin{aligned}\Phi(x, y) = [|x - y|^{2m-n} \ln |x - y|]\, B_\eta(x, y, \zeta, |x - y|) + \\ + |x - y|^{2m-n}\, C_\eta\,(x, y, \zeta, |x - y|)\,.\end{aligned} \tag{7.3}$$

Die Funktionen A_η, B_η und C_η sind bezüglich aller Argumente x_i, y_i, $\zeta_i = \dfrac{x_i - y_i}{|x - y|}$, $|x - y|$ für $x \in U, y \in U$, $|\zeta| = 1$, $1 + \eta \cdot \zeta \neq 0$ analytisch. Über den bezüglich η „lokalen“ Charakter von (7.2) und (7.3) gilt das Gleiche wie in § 3. Wir definieren

$$\Phi(x, x) = 0$$

und für alle α mit $|\alpha| \leqq 2\,m - 2$

$$(D^\alpha\Phi)\,(x, y) = \frac{\partial^{|\alpha|}\Phi(x, y)}{\partial x_1^{\alpha_1} \ldots \partial x_n^{\alpha_n}}\,(x \neq y)\,, \qquad (D^\alpha\Phi)\,(x, x) = 0\,.$$

Ganz entsprechend § 3 ergibt sich:

Für n ungerade, $|\alpha| \leqq 2m - 2$

$$(D^\alpha \Phi)(x, y) = |x - y|^{2m-n-|\alpha|} R_\eta^{(\alpha)}(x, y, \zeta, |x - y|), \tag{7.4}$$

für n gerade, $|\alpha| \leqq 2m - 2$

$$(D^\alpha \Phi)(x, y) = |x - y|^{2m-n-|\alpha|} [S_\eta^{(\alpha)}(x, y, \zeta, |x - y|) + T_\eta^{(\alpha)}(x, y, \zeta, |x - y|) \ln |x - y|], \tag{7.5}$$

wobei die Funktionen $R_\eta^{(\alpha)}$, $S_\eta^{(\alpha)}$ und $T_\eta^{(\alpha)}$ das Regularitätsverhalten wie A_η, B_η und C_η besitzen. Da der Kern $\Phi(x, y)$ nur lokal für $U \times U$ existiert, wobei für U eine genügend kleine Umgebung eines beliebigen Punktes $z \in V$ (V Analytizitätsgebiet der Koeffizienten a_α) gewählt werden kann, ist der Aufbau einer Kapazitätstheorie analog der §§ 4—6 nur lokal für das Gebiet U möglich. Wir denken uns U fest gegeben und erläutern den Aufbau dieser Theorie.

Die Potentiale $(D^\alpha \Phi)\, \mu(x)$ werden nur für Maße μ mit $\operatorname{supp} \mu \subset U$ definiert und haben nur für $x \in U$ einen Sinn. Dasselbe gilt für die Potentiale $\Phi\, L(x)$ und $\Phi^*\, L(x)$ bezüglich einer Distribution $L = L(\{\mu_\alpha\})$ der Ordnung $m - 1$ mit $\operatorname{supp} L \subset \bigcup_{|\alpha| \leqq m-1} \operatorname{supp} \mu_\alpha \subset U$.

Definition 7.1. $F^+(\Phi; U)$ bezeichne die Menge aller positiven Maße $\lambda \neq 0$ mit kompaktem Träger $\operatorname{supp} \lambda \subset U$, für welche die Funktionen $(D^\alpha \Phi)^+ \lambda$ und $(D^\alpha \Phi)^- \lambda$ für alle α mit $|\alpha| \leqq 2m - 2$ in U stetig sind und für die im Falle $n \geqq 3$ $\lambda(X_i) = 0$ für alle Geraden X_i gilt.

Man beweist ganz entsprechend Satz 6.1 für $n \geqq 3$ bzw. unter der zur Voraussetzung am Beginn von § 6 analogen Bedingung im Falle $n = 2$, daß die Maße $\lambda \in F^+(\Phi; U)$ $(2m - 2)$-mal stetig differenzierbare Potentiale $\Phi\, \lambda$ erzeugen, für die

$$D^\alpha(\Phi\, \lambda(x)) = (D^\alpha \Phi)\, \lambda(x)$$

gilt. Es sei $K \subset U$ eine kompakte Menge und

$$F_K^+(\Phi; U) = \{\lambda \in F^+(\Phi; U), \operatorname{supp} \lambda \subset K\}.$$

Definition 7.2. Unter der *Φ-Kapazität* $\mathfrak{C}_\Phi(K)$ einer kompakten Menge $K \subset U$ bezüglich des Kernes $\Phi(x, y)$ soll das Supremum aller Zahlen $\lambda(K)$ verstanden werden, wobei λ alle Maße mit folgenden Eigenschaften durchläuft:

$$1.\ \lambda \in F_K^+(\Phi; U); \qquad 2.\ \sup_{\substack{|\alpha| \leqq 2m-2 \\ x \in K}} [(D^\alpha \Phi)^+ \lambda(x) + (D^\alpha \Phi)^- \lambda(x)] \leqq 1.$$

Ist $B \subset U$ eine beliebige Menge, so erklären wir als Φ-Kapazität $\mathfrak{C}_\Phi(B)$ das Supremum der Φ-Kapazitäten $\mathfrak{C}_\Phi(K)$ aller in B enthaltenen kompakten Teilmengen K.

Berücksichtigt man, daß nur Teilmengen von U, in U definierte Funktionen und Maße $\lambda \in F^+(\Phi; U)$ betrachtet werden, so gelten sinngemäß sämtliche Definitionen und Ergebnisse von § 4. Da auf Grund von (7.4) und (7.5) für n ungerade bzw. $n = 2$ auch die Abschätzungen (5.1) bzw. (5.1)' bewiesen werden können, folgt daraus für diese n ganz analog dem Beweis zu Hilfssatz 5.3 $F^+(\Phi_P; U) \subset F^+(\Phi; U)$ und damit

Satz 7.1. *Es sei n ungerade bzw. $n = 2$. $B \subset U$ sei eine Menge mit $\mathfrak{C}_\Phi(B) = 0$. Dann folgt daraus $\mathfrak{C}_{\Phi_P}(B) = 0$.*

Das Polynom $\mathcal{L}(x, \xi) = \sum_{|\alpha| \leqq 2m} a_\alpha(x)\, \xi^\alpha$ möge eine Zerlegung

$$\mathcal{L}(x, \xi) = (\xi_1^2 + \cdots + \xi_n^2) \sum_{\alpha \leqq 2m-2} b_\alpha(x)\, \xi^\alpha = (\xi_1^2 + \cdots + \xi_n^2)\, \mathcal{L}_1(x, \xi)$$

besitzen, d. h. für den Differentialoperator $\mathcal{L}$ sei $\mathcal{L} = \Delta \mathcal{L}_1$. Dann gilt

Satz 7.2. *Der Operator $\mathcal{L}$ gestatte eine Zerlegung $\mathcal{L} = \Delta \mathcal{L}_1$ und $\Phi(x, y)$ sei der zu $\mathcal{L}$ gehörige Kern. Dann ist in den Fällen n ungerade und $n = 2$ eine Menge $B \subset U$ genau dann von der Φ-Kapazität Null, wenn sie von der Φ_P-Kapazität Null ist. Für $n > 3$ gerade folgt aus $\mathfrak{C}_{\Phi_P}(B) = 0$ stets $\mathfrak{C}_\Phi(B) = 0$.*

Obwohl die Betrachtungen dieses Paragraphen nur lokal für $U \subset R^n$ gelten, ist es möglich, für das Analytizitätsgebiet V den globalen Begriff einer Menge der Φ-Kapazität Null zu definieren. Jedem Punkt $z \in V$ kann nach den obigen Ausführungen ein Gebiet U_z zugeordnet werden, in welchem die vorliegende Theorie gilt. Jede Menge $B \subset V$ kann durch abzählbar viele derartiger Gebiete U_z $(z \in B)$ überdeckt werden.

Definition 7.3. Die Teilmenge $B \subset V$ heiße von der *Φ-Kapazität Null* $(\mathfrak{C}_\Phi(B) = 0)$, wenn bei jeder Überdeckung $\{U_z\}$ obiger Art der Menge B für alle U_z stets $\mathfrak{C}_\Phi(B \cap U_z) = 0$ gilt.

Satz 7.3. *Es sei n ungerade oder $n = 2$. Aus $\mathfrak{C}_\Phi(B) = 0$ für $B \subset V$ folgt dann stets $\mathfrak{C}_{\Phi_P}(B) = 0$. Falls der Operator $\mathcal{L}$ die Voraussetzungen von Satz 7.2 erfüllt, gilt auch die Umkehrung.*

Beweis. Es sei $\mathfrak{C}_\Phi(B) = 0$ und $\{U_z\}$ eine feste Überdeckung von B durch Gebiete, in denen die vorangehenden Ergebnisse gelten. Wegen $\mathfrak{C}_\Phi (B \cap U_z) = 0$ folgt aus Satz 7.1 $\mathfrak{C}_{\Phi_P} (B \cap U_z) = 0$ für alle $U_z \in \{U_z\}$. Es sei $K \subset B$ eine beliebige kompakte Teilmenge von B, dann ist nach Folgerung 2 zu Definition 4.2 wegen $K \cap U_z \subset B \cap U_z$ auch $\mathfrak{C}_{\Phi_P} (K \cap U_z) = 0$ und weiter wegen $K = \cup (K \cap U_z)$, der Φ_P-Meßbarkeit von $K \cap U_z$. (U_z ist eine offene Menge) und Folgerung 1 zu Satz 4.1 $\mathfrak{C}_{\Phi_P}(K) = 0$. Da $K \subset B$ beliebig war, bedeutet das nach Definition 4.2 $\mathfrak{C}_{\Phi_P}(B) = 0$. Weiter sei die Zerlegbarkeit $\mathcal{L} = \Delta \mathcal{L}_1$ und $\mathfrak{C}_{\Phi_P}(B) = 0$ vorausgesetzt. $\{U_z\}$ sei eine beliebige Überdeckung von B der betrachteten Art. Aus $\mathfrak{C}_{\Phi_P}(B) = 0$ folgt dann $\mathfrak{C}_{\Phi_P}(B \cap U_z) = 0$ und nach Satz 7.2 $\mathfrak{C}_\Phi(B \cap U_z) = 0$ für alle $U_z \in \{U_z\}$. Nach Definition 7.3 bedeutet dies $\mathfrak{C}_\Phi(B) = 0$ □.

Falls die Koeffizienten $a_\alpha(x)$ $(|\alpha| = 2m)$ des sogenannten Hauptteiles $\mathcal{L}_0$ des Operators $\mathcal{L}$ konstant und alle übrigen Koeffizienten ganze Funktionen sind (d. h., ihre Potenzreihenentwicklung konvergiert in der ganzen komplexen Ebene), dann existiert nach F. John [1] die Fundamentallösung $\Phi(x, y)$ global für alle $x, y \in R^n$. In diesem Fall kann also $U = V = R^n$ gesetzt werden, und es gilt unverändert die globale Theorie der §§ 3—6.

Die hier dargelegte Kapazitätstheorie kann selbstverständlich auch für elliptische Differentialoperatoren mit nicht analytischen Koeffizienten entwickelt werden, sofern Fundamentallösungen mit den erforderlichen Eigenschaften existieren. Da die Greensche *Funktion* eines elliptischen Differentialoperators bezüglich eines Gebietes $\Omega \subset R^n$ nichts anderes als eine Fundamentallösung darstellt, welche gewissen Randbedingungen genügt, ist es naheliegend, die GREENsche Funktion als Potentialkern zu benutzen und damit Potentialtheorie im Gebiet Ω zu treiben. Dies ist im Falle $m = 1$ auch üblich. Man bezeichnet die entsprechenden Potentiale als *GREENsche Potentiale* (vgl. M. BRELOT [1], N. S. LANDKOFF [1]). Auch für $m > 1$ existieren Ergebnisse über die Existenz der GREENschen Funktion. Aus der Fülle der Literatur zu diesem Gegenstand nennen wir nur F. E. BROWDER [1] und das Buch von K. MAURIN [1]. Auf die Voraussetzungen bezüglich $\mathcal{L}$ und Ω wollen wir nicht im einzelnen eingehen, sondern nur bemerken, daß es genügt, die Koeffizienten als hinreichend oft differenzierbar anzunehmen. Es können damit für das Existenzgebiet Ω der GREENschen Funktion ohne Schwierigkeiten die Ergebnisse der §§ 3 und 4 hergeleitet werden. Um die in § 5 bewiesenen Beziehungen der Mengen der Kapazität Null zu den Nullmengen der Potentialgleichung auch hier zu gewinnen, ist die lokale Gültigkeit der Abschätzungen (5.1) bzw. (5.1)' erforderlich. Dem Verfasser sind jedoch nur im Falle $m = 1$ derartige Abschätzungen bekannt (G. STAMPACCHIA [1], S. 252). Wir wollen diese kurz skizzieren.

Es sei (in Anlehnung an die Bezeichnung bei G. STAMPACCHIA)

$$\mathcal{L}[u] = -\sum_{i,j=1}^{n} \frac{\partial}{\partial x_j}\left(a_{ij}(x)\frac{\partial u}{\partial x_i} + d_j(x)\,u\right) + \sum_{i=1}^{n} b_i(x)\frac{\partial u}{\partial x_i} + c(x)\,u$$

ein linearer Differentialoperator 2. Ordnung mit reellen meßbaren Koeffizienten. $\mathcal{L}$ sei in Ω *gleichmäßig elliptisch*, d. h., es existiere eine Konstante $\varrho > 0$, so daß für $\xi = (\xi_1, \ldots, \xi_n) \in R^n$ und alle $x \in \Omega$

$$\sum_{i,j=1}^{n} a_{ij}(x)\,\xi_i\,\xi_j \geqq \varrho\,|\xi|^2$$

gilt. Bezüglich der Koeffizienten wird außerdem folgendes vorausgesetzt:

1. Gewisse Differenzierbarkeitsbedingungen, die wir nicht näher formulieren wollen.
2. $|a_{ij}(x)| < M$ (M positive Konstante).
3. $b_i(x) \in L^n(\Omega)$, $d_i(x) \in L^r(\Omega)$, $c(x) \in L^{r/2}(\Omega)$ ($r > n$, $i = 1, \ldots, n$, $L^p(\Omega)$ Raum der über Ω zur p-ten Potenz summierbaren Funktionen).
4. $c - \frac{\partial d_i}{\partial x_i} \geqq c_0 > 0$.
5. $\mathcal{L}$ sei formal selbstadjungiert, d. h. $\mathcal{L} = \mathcal{L}^*$.

Dann existiert bei hinreichend großem $\varkappa$, falls Ω noch einer hier ebenfalls nicht näher formulierten Bedingung genügt, für den Operator $\mathcal{L} + \varkappa$ die GREENsche Funktion $\Phi_\varkappa(x, y)$, und in einer Umgebung von $y \in \Omega$ gilt (im Falle $n \geqq 3$) die Abschätzung

$$\frac{K^{-1}}{|x-y|^{n-2}} \leqq \Phi_\varkappa(x, y) \leqq \frac{K}{|x-y|^{n-2}}. \tag{7.6}$$

Es ist leicht nachzuprüfen, daß auf Grund der zweiten Ungleichung in (7.6) sinngemäß alle Ergebnisse von § 5, Abschnitt 2, gelten. Darüber hinaus folgt aus der ersten Ungleichung (ganz entsprechend dem Beweis zu Hilfssatz 5.3) $F^+(\Phi_\varkappa) \subset F^+(\Phi_P)$ und damit

Satz 7.4. *$\mathcal{L}$, Ω und $\Phi_\varkappa$ mögen die obige Bedeutung haben, und es seien die angegebenen Voraussetzungen erfüllt. Dann sind für die Operatoren $\mathcal{L} + \varkappa$ und Δ die Mengen der Kapazität Null dieselben, d. h., eine Menge $B \subset \Omega$ ist genau dann von der $\Phi_\varkappa$-Kapazität Null, wenn sie von der Φ_P-Kapazität Null ist.*

Es liegt auf der Hand, daß sich unter Ausnutzung aller in der Literatur vorliegenden Resultate über Fundamentallösungen und die GREENsche Funktion die in dieser Arbeit entwickelte Kapazitätstheorie für elliptische Operatoren mit variablen Koeffizienten wesentlich ausbauen und präzisieren läßt.

§ 8. Balayage-Theorie für selbstadjungierte Differentialoperatoren

1. Ein abstraktes Balayage-Prinzip

Die Definitionen und Hilfssätze von Abschnitt 1 stammen von G. ANGER [4]. Wir werden diese in Abschnitt 2 benutzen, um eine Balayage-Theorie für Potentiale $\Phi^* L$ eines Kernes Φ^* bezüglich Distributionen L endlicher Ordnung zu entwickeln und in § 9 einen Zusammenhang zum DIRICHLETschen Problem der zum Kern Φ gehörigen elliptischen Differentialgleichung (3.1) herzustellen. Diese Untersuchungen beruhen methodisch sehr wesentlich auf der in den vorangehenden Paragraphen entwickelten Kapazitätstheorie.

F und G seien zwei Vektorräume, die ein sogenanntes *Dualsystem* $\langle F, G\rangle$ (G. KÖTHE [1], S. 88) bilden mögen, D. h., jedem Paar $(f, g) \subset F \times G$ sei ein (mit $\langle f, g\rangle$ oder $g(f)$ bezeichnetes) Element aus C oder R^1 (Körper der komplexen bzw. reellen Zahlen) zugeordnet, so daß die folgenden Bedingungen erfüllt sind:

1. $\langle \alpha_1 f_1 + \alpha_2 f_2, g\rangle = \alpha_1 \langle f_1, g\rangle + \alpha_2 \langle f_2, g\rangle$,
   $\langle f, \alpha_1 g_1 + \alpha_2 g_2\rangle = \alpha_1 \langle f, g_1\rangle + \alpha_2 \langle f, g_2\rangle, \alpha_1, \alpha_2 \in C$ (oder R^1).

2.′ Gilt $\langle f, g\rangle = 0$ für ein $f \in F$ und alle $g \in G$, so ist $f = 0$.

2.″ Gilt $\langle f, g\rangle = 0$ für ein $g \in G$ und alle $f \in F$, so ist $g = 0$.

F_1 und F_2 seien zwei *algebraisch komplementäre Teilräume* von F, d. h., jedes $f \in F$ möge sich eindeutig in der Form $f = f_1 + f_2$, $f_1 \in F_1$, $f_2 \in F_2$ darstellen lassen. Wir schreiben dafür $F = F_1 \oplus F_2$. Die Teilräume F_1 und F_2 haben in diesem Falle nur das Nullelement gemeinsam. Weiter sei

$$F_1^0 = \{g \in G, g(f_1) = 0 \text{ für alle } f_1 \in F_1\} ,$$

$$F_2^0 = \{g \in G, g(f_2) = 0 \text{ für alle } f_2 \in F_2\} .$$

Definition 8.1. Die Vektorräume F, G sowie die Teilräume $F_1 \subset F$, $F_2 \subset F$ mögen den angegebenen Voraussetzungen genügen. Existiert dann zu jedem $g \in G$ ein $g_2 \in F_2^0 \subset G$, so daß für alle $f_1 \in F_1$ die Beziehung

$$g(f_1) = g_2(f_1)$$

besteht, so sagen wir, es gilt bezüglich $F_1, F_2 \subset F$ und des Dualsystems $\langle F, G\rangle$ das *Balayage-Prinzip*.

Es sei speziell X ein normierter Raum, X_1 und X_2 seien zwei Teilräume mit $X_1 \cap X_2 = \{0\}$, $X_0 = X_1 \oplus X_2 \subset X$ deren direkte Summe und X_0' der in der üblichen Weise (G. Köthe [1], S. 132) normierte Raum der stetigen Linearformen auf X_0. Für das Dualsystem $\langle X_0, X_0' \rangle$ gilt dann

Hilfssatz 8.1. *Das Balayage-Prinzip bezüglich $X_1, X_2 \subset X_0$ und $\langle X_0, X_0' \rangle$ gilt genau dann, wenn für alle $f_1 \in X_1$ mit einer festen, von f_1 unabhängigen Konstanten $M > 0$ die Ungleichung*

$$||f_1|| \leqq M \inf_{f_2 \in X_2} ||f_1 + f_2||$$

besteht.

$\inf_{f_2 \in X_2} ||f_1 + f_2||$ ist die Quotientenraumnorm auf X_0/X_2.

Im allgemeinen ist X_0 ein echter Teilraum von X. In diesem Falle ist bekanntlich X_0' dem mit der entsprechenden Quotientenraumnorm versehenen Raum X'/X_0^0 normisomorph (G. Köthe [1], S. 282). Dabei bedeutet

$$X_0^0 = \{L \in X', L(f) = 0 \text{ für alle } f \in X_0\}$$

und X' den zu X dualen Raum.

Hilfssatz 8.2. *Gilt das Balayage-Prinzip bezüglich der Teilräume $X_1, X_2 \subset X_0$ und des Dualsystems $\langle X_0, X_0' \rangle$, so gibt es zu jedem $L_1 \in X'$ (mindestens) ein $L_2 \in X'$ mit*

$$L_2(f_2) = 0 \text{ für alle } f_2 \in X_2,$$

$$L_1(f_1) = L_2(f_1) \text{ für alle } f_1 \in X_1$$

und umgekehrt. Die Linearform L_2 ist im Falle $\overline{X_0} \neq X$ nicht eindeutig bestimmt.

2. Balayage von Distributionen

Für den folgenden Abschnitt sowie den gesamten nachfolgenden § 9 wollen wir annehmen, daß

1. der Kern Φ denselben Bedingungen genügt, die am Beginn von § 6 formuliert sind,
2. der Operator $\mathcal{L}$ *formal selbstadjungiert* ist. D. h., es gelte $\mathcal{L} = \mathcal{L}^*$ mit $\mathcal{L}^* = \sum_{|\alpha| \leq 2m} (-1)^{|\alpha|} a_\alpha D^\alpha$.

Punkt 1 enthält lediglich für $n = 2$ eine Einschränkung an Φ. Sie ist erforderlich, um den Satz 6.1 zur Verfügung zu haben. Von der Vertauschbarkeit von Differentiation und Integration wird ständig in dieser Arbeit Gebrauch gemacht. Da es im Falle $n = 2$ zum Beispiel bei der Potentialgleichung Maße λ mit $\lambda(X_i) \neq 0$ gibt, die ein stetiges Potential $\Phi_P \lambda$ erzeugen, ist es in diesem Falle unzweckmäßig, die Forderung $\lambda(X_i) = 0$ für alle X_i in die Definition der Menge $F^+(\Phi)$ aufzunehmen (man vergleiche demgegenüber Bemerkung 4.1 für $n \geqq 3$). Punkt 2 hat zur Folge, daß die Fundamentallösung $\Phi(x, y)$ bei festem x auch bezüglich y der Differentialgleichung genügt. Denn wegen (3.3), $\mathcal{L} = \mathcal{L}^*$ und

$$\mathcal{L}_x[\Phi(x, y)] = \sum_{|\alpha| \leqq 2m} a_\alpha \frac{\partial^{|\alpha|} \Phi(x, y)}{\partial x_1^{\alpha_1} \ldots \partial x_n^{\alpha_n}} = 0$$

folgt

$$\mathcal{L}_y[\Phi(x, y)] = \sum_{|\alpha| \leqq 2m} a_\alpha \frac{\partial^{|\alpha|} G(x - y)}{\partial y_1^{\alpha_1} \ldots \partial y_n^{\alpha_n}} = \sum_{|\alpha| \leqq 2m} (-1)^{|\alpha|} a_\alpha \frac{\partial^{|\alpha|} G(x - y)}{\partial x_1^{\alpha_1} \ldots \partial x_n^{\alpha_n}}$$
$$= \mathcal{L}_x^*[\Phi(x, y)] = \mathcal{L}_x[\Phi(x, y)] = 0 .$$

Auf die letztere Eigenschaften kommt es uns nur an. Aus diesem Grunde würde es auch genügen, diese an Stelle der Selbstadjungiertheit zu fordern.

Es sei

$$H^*(\Phi) = \{\Phi * \lambda(x) = \int \Phi(y, x)\, d\lambda(y), \lambda \in F(\Phi)\} .$$

Nach dem Vorangehenden sind die Potentiale $\Phi * \lambda$ in $R^n \setminus \operatorname{supp} \lambda$ Lösungen der Differentialgleichung $\mathcal{L}[u] = 0$. $H_0^*(\Phi)$ bezeichne den Teilraum aller derjenigen Funktionen aus $H^*(\Phi)$, die einen kompakten Träger besitzen.

Bemerkung 8.1. *Der Raum $H_0^*(\Phi)$ ist im Sinne von Satz 6.2 im Raum $C_0^k(R^n)$ $(0 \leqq k \leqq 2m - 2)$ dicht.*

Beweis. Der Beweis entspricht ganz dem Beweis von Satz 6.2. Man hat dabei nur zu beachten, daß die Definition der Fundamentallösung der für alle $\varphi \in C_0^\infty(R^n)$ gültigen Beziehung

$$\int \Phi(x, y)\, \mathcal{L}^*[\varphi](x)\, dx = \varphi(y)$$

äquivalent ist (vergleiche die Formeln (3.4) und (7.1)) □.

Wir betrachten jetzt Systeme $\{\lambda_\alpha\}_{|\alpha| \leqq m-1}$ von Maßen $\lambda_\alpha \in F(\Phi)$ und alle hierdurch nach § 2 erklärten Distributionen $L = L(\{\lambda_\alpha\})$, $\mathfrak{F}(\Phi)$ sei die Menge aller dieser Distributionen. Es bezeichne $D_1^{m-1}(\Phi)$ den Vektorraum der bezüglich dieser Distributionen gebildeten Potentiale:

$$\Phi L(x) = \sum_{|\alpha| \leqq m-1} (D^\alpha \Phi)\, \lambda_\alpha(x) = \sum_{|\alpha| \leqq m-1} \int (D^\alpha \Phi)(x, y)\, d\lambda_\alpha(y) . \tag{8.1}$$

Der Ansatz (8.1), wie bereits die Potentialdefinition (3.15), wird durch das Studium des DIRICHLETschen Problems in § 9 nahegelegt, und zwar dadurch, daß beim DIRICHLETschen Problem einer elliptischen Differentialgleichung der Ordnung $2m$ auf dem Rand des Gebietes Ableitungen bis zur Ordnung $m - 1$ vorgegeben werden können. Da bei der Potentialgleichung in den Vorgaben keine Ableitungen auftreten, ist in diesem Falle die in der Literatur geläufige Potentialdefinition ausreichend. Nach Satz 6.1 gilt $D_1^{m-1}(\Phi) \subset C^{m-1}(R^n)$, und in (8.1) kann unter dem Integralzeichen differenziert werden. $D_2^{m-1}(\Phi)$ sei der Vektorraum der entsprechenden adjungierten Potentiale

$$\Phi^* L(x) = \sum_{|\alpha| \leqq m-1} (D^\alpha \Phi)^* \lambda_\alpha(x) = \sum_{|\alpha| \leqq m-1} \int (D^\alpha \Phi)(y, x)\, d\lambda_\alpha(y) . \tag{8.2}$$

Aus Symmetriegründen (genauer: wegen (3.3)) ist auch $D_2^{m-1}(\Phi) \subset C^{m-1}(R^n)$. Da $\mathcal{L}$ konstante Koeffizienten besitzt, und wegen $\mathcal{L} = \mathcal{L}^*$ folgt aus dem Obigen, daß die Potentiale (8.1) und (8.2) in $R^n \setminus \operatorname{supp} L$ ebenfalls der Differentialgleichung $\mathscr{L}[u] = 0$ genügen. Wir bilden die lineare Hülle $D^{m-1}(\Phi)$ der Vereinigung der Räume $D_1^{m-1}(\Phi)$ und $D_2^{m-1}(\Phi)$, d. h.

$$D^{m-1}(\Phi) = \{g = \alpha_1 g_1 + \alpha_2 g_2, g_1 \in D_1^{m-1}(\Phi), g_2 \in D_2^{m-1}(\Phi)\} .$$

Satz 8.1. *Die Räume $D_i^{m-1}(\Phi)$ $(i = 1, 2)$ (und damit auch $D^{m-1}(\Phi)$; genauer: die entsprechenden Teilräume der Potentiale mit kompaktem Träger) liegen im folgenden Sinne im Raum $C_0^{m-1}(R^n)$ dicht: Es sei $f \in C_0^{m-1}(R^n)$ gegeben. Dann existiert zu beliebigen $\varepsilon > 0$ und einer beliebigen offenen Umgebung $U \supset \operatorname{supp} f$ ein Potential $g_1 = \Phi L_1 \in D_1^{m-1}(\Phi)$ bzw. $g_2 = \Phi^* L_2 \in D_2^{m-1}(\Phi)$ mit* $\operatorname{supp} L_i \subset U$, $\operatorname{supp} g_i \subset U$ *und*

$$\sum_{|\alpha| \leqq m-1} \sup_{x \in U} |D^\alpha f(x) - D^\alpha g_i(x)| < \varepsilon .$$

Beweis. Folgt unmittelbar aus Satz 6.2 und Bemerkung 8.1, da bereits die Räume $H_0(\Phi) \subset D_1^{m-1}(\Phi)$ bzw. $H_0^*(\Phi) \subset D_2^{m-1}(\Phi)$ das Verlangte leisten. Insbesondere ersieht man aus den Beweisen in § 6, Abschnitt 2, sowie von Bemerkung 8.1, daß sogar $L_1 = L_2$ gewählt werden kann □.

Es sei nun $\Omega \subset R^n$ eine beschränkte, offene, zusammenhängende Menge und K der Rand von Ω. Diese Bedeutung sollen Ω und K, wenn nichts anderes gesagt ist, in dieser Arbeit stets besitzen. Es soll darum nicht jedesmal von neuem erwähnt werden. Wir führen die folgenden Bezeichnungen ein:

$$
\begin{aligned}
{}^{\Omega}F(\Phi) &= \{\lambda \in F(\Phi), \operatorname{supp} \lambda \subset R^n \backslash \Omega\} ,\\
{}^{\Omega}\mathfrak{F}(\Phi) &= \{L = L(\{\lambda_\alpha\}) \in \mathfrak{F}(\Phi), \lambda_\alpha \in {}^{\Omega}F(\Phi)\} ,\\
{}^{\Omega}D_1^{m-1}(\Phi) &= \{g = \Phi L, L \in {}^{\Omega}\mathfrak{F}(\Phi)\} ,\\
{}^{\Omega}D_2^{m-1}(\Phi) &= \{g = \Phi^* L, L \in {}^{\Omega}\mathfrak{F}(\Phi)\} ,\\
{}^{\Omega}D^{m-1}(\Phi) &= \{g = \alpha_1 g_1 + \alpha_2 g_2, g_1 \in {}^{\Omega}D_1^{m-1}(\Phi), g_2 \in {}^{\Omega}D_2^{m-1}(\Phi),\\
&\qquad \alpha_1, \alpha_2 \in R^1\} .
\end{aligned}
$$

${}^{\Omega}D_i^{m-1}(\Phi; K)$ bezeichne die Vektorräume der Einschränkungen der Funktionen $g \in {}^{\Omega}D_i^{m-1}(\Phi)$ auf K. Diese können als Teilräume von $W^{m-1}(K)$ aufgefaßt werden. Schließlich sei noch

$$
\begin{aligned}
{}^{\Omega}D^{m-1}(\Phi; K) = \{g = \alpha_1 g_1 + \alpha_2 g_2, g_1 \in {}^{\Omega}D_1^{m-1}(\Phi; K), g_2 \in {}^{\Omega}D_2^{m-1}(\Phi; K),\\
\alpha_1, \alpha_2 \in R^1\} ,
\end{aligned}
$$

$C^l(\Omega)$ der Verktorraum der in Ω definierten, l-mal stetig differenzierbaren Funktionen und $C^l(\overline{\Omega}) \subset C^l(\Omega)$ der Teilraum aller derjenigen Funktionen, die sich nebst allen partiellen Ableitungen bis zur Ordnung l stetig auf den Rand von Ω fortsetzen lassen. Im folgenden wird bezüglich des Gebietes Ω häufig die folgende Voraussetzung gemacht werden.

Bedingung I. Es existiere eine feste (von u unabhängige) Zahl $k > 0$, so daß für alle Funktionen $u \in C^{2m}(\Omega) \cap C^{m-1}(\overline{\Omega})$, welche in Ω der Differentialgleichung $\mathscr{L}[u] = 0$ genügen, die Ungleichung

$$\sum_{|\alpha| \leqq m-1} \sup_{x \in \Omega} |D^\alpha u(x)| \leqq k \sum_{|\alpha| \leqq m-1} \sup_{x \in K} |D^\alpha u(x)| \tag{8.3}$$

besteht.

Im Falle der Potentialgleichung folgt die Ungleichung (8.3) (mit $k = 1$) sofort aus dem Maximum-Minimum-Prinzip. (8.3) stellt eine Verallgemeinerung desselben auf elliptische Differentialgleichungen höherer Ordnung dar. Daß die Bedingung I für Gebiete mit genügend glattem Rand (ausgenommen natürlich die Fälle, in denen Eigenlösungen auftreten) stets erfüllt ist, wurde von C. MIRANDA [1], [2] und S. AGMON [2] bewiesen. Nach S. AGMON [2] gelten die Abschätzungen (8.3) (über den Fall konstanter Koeffizienten hinaus) zum Beispiel unter den Voraussetzungen, daß die Koeffizienten a_α von $\mathcal{L}$ in $C^{|\alpha|}(R^n)$ liegen, das Gebiet Ω keine Eigenlösungen besitzt und der Rand K der Klasse C^{2m} (vergleiche S. AGMON, A. DOUGLIS, L. NIRENBERG [1], S. 667) angehört. Die Bedingung I vertritt in der vorliegenden Theorie die Rolle des Maximum-Minimum-Prinzips der Potentialgleichung.

Wir wollen die im ersten Teil dieses Paragraphen angegebenen Hilfssätze anwenden. Dazu denken wir uns Ω in eine abgeschlossene Kugel K_0 eingebettet und setzen $K^* = K_0 \backslash \Omega$. Weiter sei

$$X = C^{m-1}(K_0),\ X_1 = {}^{\Omega}D^{m-1}(\Phi)\ ,\ X_2 = J^{m-1}(K^*)\ ,$$

$$X_0 = {}^{\Omega}D^{m-1}(\Phi) + J^{m-1}(K^*) = \{f = f_1 + f_2\ ,\ f_1 \in {}^{\Omega}D^{m-1}(\Phi)\ ,\ f_2 \in J^{m-1}(K^*)\}\ .$$

Hierbei werden die Räume ${}^{\Omega}D^{m-1}(\Phi)$ und $J^{m-1}(K^*)$ als Teilräume von $C^{m-1}(K_0)$ aufgefaßt. Wir betrachten also die Einschränkung der Funktionen aus ${}^{\Omega}D^{m-1}(\Phi)$ auf K_0. Der Raum $C^{m-1}(K_0)$ — und damit auch X_0 — sei mit der Norm (2.4) versehen. X_0' ist der Raum der bezüglich dieser Norm stetigen Linearformen auf X_0.

Hilfssatz 8.3. *Das Gebiet Ω erfülle die Bedingung I. Es gilt dann bezüglich ${}^{\Omega}D^{m-1}(\Phi)$, $J^{m-1}(K^*)$ und des Dualsystems $\langle X_0, X_0'\rangle$ das Balayage-Prinzip im Sinne von Definition* 8.1.

Beweis. Wir zeigen, daß das Kriterium des Hilfssatzes 8.1 erfüllt ist. Die Funktionen $g \in {}^{\Omega}D^{m-1}(\Phi)$ genügen nach ihrer Definition den Voraussetzungen der Bedingung I. Weiter ist klar, daß die Ungleichung (8.3) auch noch für alle $g \in {}^{\Omega}D^{m-1}(\Phi)$ gilt, wenn man links Ω durch K_0 und rechts K durch K^* ersetzt. Daraus folgt, daß X_1 und X_2 nur das Nullelement gemeinsam haben und deshalb algebraisch komplementäre Räume sind:

$$X_0 = X_1 \oplus X_2 = {}^{\Omega}D^{m-1}(\Phi) \oplus J^{m-1}(K^*)\ .$$

Aus der Gestalt der Norm (2.3), der Bedingung I und der Äquivalenz der Normen (2.3) und (2.5) (vgl. § 2) folgt

$$||f_1||_{K_0, m-1} \leqq k\ ||f_1||_{K^*, m-1} \leqq k \cdot k_1\, q_{K^*, m-1}(f_1) = M \inf_{f_2 \in J^{m-1}(K^*)} ||f_1 + f_2||_{K_0, m-1}$$

für alle $f_1 \in {}^{\Omega}D^{m-1}(\Phi)$. Nach Hilfssatz 8.1 ist damit die Behauptung bewiesen $\square$.

In den folgenden Beweisen werden wir oft vom FUBINIschen Satz über die Vertauschbarkeit der Integrationsreihenfolge bei Doppelintegralen Gebrauch machen. Die Voraussetzungen hierfür sind stets erfüllt, da nur Maße mit kompaktem Träger betrachtet werden und die auftretenden Kerne immer in die Differenz zweier positiver, stetiger bzw. halbstetiger Funktionen zerlegt werden können. Zur Formulierung von Satz 8.2 benötigen wir eine weitere Bezeichnung. Es sei für $\beta = (\beta_1, \ldots, \beta_n)$ mit $|\beta| \leqq m - 1$ und eine Distribution $L = L(\{\mu_\alpha\})$

$$\Phi_\beta^* L(x) = \sum_{|\alpha| \leqq m-1} \int (D^{\alpha+\beta}\Phi)^*(x, y)\, d\mu_\alpha(y) = \sum_{|\alpha| \leqq m-1} \int (D^{\alpha+\beta}\Phi)(y, x)\, d\mu_\alpha(y)\,,$$

$$\Phi_\beta L(x) = \sum_{|\alpha| \leqq m-1} \int (-1)^{|\alpha|} (D^{\alpha+\beta}\Phi)(x, y)\, d\mu_\alpha(y)\,.$$

Um Mißverständnisse auszuschließen, sei darauf hingewiesen, daß für $\beta = (0, \ldots, 0)$ der Ausdruck $\Phi_\beta^* L$ übereinstimmt mit $\Phi^* L$, während sich $\Phi_\beta L$ von ΦL unterscheidet. Deshalb schreiben wir $\Phi_{(0,\ldots,0)} L = \Phi_0 L$. Zur Abkürzung in der Bezeichnung wollen wir für alles weitere folgendes vereinbaren. $\sum_\alpha$, $\sum_\beta$ bzw. $\sum_\gamma$ soll bedeuten, daß über alle Multi-Indizes α, β bzw. γ mit $|\alpha| \leqq m - 1$, $|\beta| \leqq m - 1$ bzw. $|\gamma| \leqq m - 1$ zu summieren ist. Diese Vereinbarung ist zweckmäßig, da im folgenden fast ausschließlich derartige Summen auftreten. Schließlich benötigen wir noch den

Hilfssatz 8.4. *$\Omega \subset R^n$ sei eine beschränkte, offene, zusammenhängende Menge, und der Rand K von Ω sei vom Typ C_l. Dann ist auch $\overline{\Omega} = \Omega \cup K$ vom Typ C_l.*

Beweis. Das Gebiet Ω sei in eine Kugel K_0 eingebettet. Wir betrachten $C^l(K_0)$ und $J^l(K) \subset C^l(K_0)$ bzw. $J^l(\overline{\Omega}) \subset C^l(K_0)$. Da nach Voraussetzung K vom Typ C_l ist und da die Normen (2.3) und (2.5) äquivalent sind, sind auch die Normen (2.2) und (2.5) äquivalent, d. h., es existiert eine von $f \in C^l(K_0)$ unabhängige Konstante $\varrho > 0$ (die darüber hinaus > 1 gewählt werde) mit

$$\inf_{h \in J^l(K)} \|f + h\|_{K_0, l} \leqq \varrho \sum_{|\alpha| \leqq l} \sup_{x \in K} |D^\alpha f(x)|\,.$$

Wir wollen beweisen, daß daraus

$$\inf_{h \in J^l(\overline{\Omega})} \|f + h\|_{K_0, l} \leqq \varrho \sum_{|\alpha| \leqq l} \sup_{x \in \overline{\Omega}} |D^\alpha f(x)|$$

folgt. Das würde (wiederum wegen der Äquivalenz der Normen (2.3) und (2.5))

$$|||\dot{f}|||_{\overline{\Omega}, l} \leqq \varrho_1 \|\dot{f}\|_{\overline{\Omega}, l}$$

bedeuten, und da stets

$$\|\dot{f}\|_{\overline{\Omega}, l} \leqq |||\dot{f}|||_{\overline{\Omega}, l}$$

gilt, wäre damit bewiesen, daß $\overline{\Omega}$ vom Typ C_l ist. Wir kommen zum Beweis der behaupteten Ungleichung.

Aus technischen Gründen ist es für diesen Beweis zweckmäßig, an Stelle der Norm (2.4) mit der Norm

$$\|f\|_{K_0, l} = \max_{|\alpha| \leqq l} \left(\sup_{x \in K_0} |D^\alpha f(x)|\right)$$

zu arbeiten. Diese Norm ist der Norm (2.4) offensichtlich äquivalent. Es gilt dann

$$\inf_{h \in J^l(K)} \|f + h\|_{K_0, l} = \inf_{h \in J^l(K)} \left\{\max_{|\alpha| \leqq l} \left(\sup_{x \in K_0} |D^\alpha f(x) + D^\alpha h(x)|\right)\right\}$$

$$\geqq \inf_{h \in J^l(K)} \left\{\max_{|\alpha| \leqq l} \left(\sup_{x \in K_0 \setminus \Omega} |D^\alpha f(x) + D^\alpha h(x)|\right)\right\}$$

und

$$\inf_{h \in J^l(\overline{\Omega})} ||f + h||_{K_0, l}$$

$$= \max \left[\inf_{h \in J^l(\overline{\Omega})} \left\{ \max_{|\alpha| \leq l} \left(\sup_{x \in K_0 \setminus \Omega} |D^\alpha f(x) + D^\alpha h(x)| \right\}, \max_{|\alpha| \leq l} \left(\sup_{x \in \overline{\Omega}} |D^\alpha f(x)| \right\} \right. .$$

Wegen $K \subset \overline{\Omega}$ ist $J^l(\overline{\Omega}) \subset J^l(K)$. Setzen wir umgekehrt für $h \in J^l(K)$

$$h^*(x) = \begin{cases} h(x) & \text{für} \quad x \in K_0 \setminus \Omega; \\ 0 & \text{für} \quad x \in \Omega, \end{cases}$$

so ist $h^* \in J^l(\overline{\Omega})$. Aus diesem Grunde besteht die Beziehung

$$\inf_{h \in J^l(K)} \left\{ \max_{|\alpha| \leq l} \left(\sup_{x \in K_0 \setminus \Omega} |D^\alpha f(x) + D^\alpha h(x)| \right) \right\}$$

$$= \inf_{h \in J^l(\overline{\Omega})} \left\{ \max_{|\alpha| \leq l} \left(\sup_{x \in K_0 \setminus \Omega} |D^\alpha f(x) + D^\alpha h(x)| \right) \right\},$$

woraus man schließlich unter Beachtung des Vorangehenden und der Voraussetzung die Abschätzung

$$\inf_{h \in J^l(\overline{\Omega})} ||f + h||_{K_0, l}$$

$$= \max \left[\inf_{h \in J^l(K)} \left\{ \max_{|\alpha| \leq l} \left(\sup_{x \in K_0 \setminus \Omega} |D^\alpha f(x) + D^\alpha h(x)| \right) \right\}, \max_{|\alpha| \leq l} \left(\sup_{x \in \Omega} |D^\alpha f(x)| \right] \right.$$

$$\leqq \max \left[\inf_{h \in J^l(K)} ||f + h|_{K_0, l}, \max_{|\alpha| \leq l} \left(\sup_{x \in \overline{\Omega}} |D^\alpha f(x)| \right) \right]$$

$$\leqq \max \left[\varrho \sum_{|\alpha| \leq l} \sup_{x \in K} |D^\alpha f(x)|, \max_{|\alpha| \leq l} \left(\sup_{x \in \overline{\Omega}} |D^\alpha f(x)| \right) \right]$$

$$\leqq \varrho \sum_{|\alpha| \leq l} \sup_{x \in \overline{\Omega}} |D^\alpha f(x)|$$

erhält □.

Satz 8.2. (*Balayage-Prinzip für Distributionen*). *Der Rand K des Gebietes Ω sei vom Typ C_{m-1} und Ω genüge der Bedingung I. $L_1 = L_1(\{\nu_\alpha\})$ sei eine Distribution der Ordnung $m - 1$ mit supp $\nu_\alpha \subset \overline{\Omega}$. Dann existiert (mindestens) eine zweite Distribution $L_2 = L_2(\{\mu_\alpha\})$ der Ordnung $m - 1$ mit supp $\mu_\alpha \subset K$, so daß für alle β mit $|\beta| \leqq m - 1$ annähernd überall auf K sowie für alle $x \in R^n \setminus \overline{\Omega}$ die Beziehungen*

$$\Phi_\beta^* L_1(x) = \Phi_\beta^* L_2(x) \tag{8.4}$$

und

$$\Phi_\beta L_1(x) = \Phi_\beta L_2(x) \tag{8.5}$$

bestehen.

Wir wollen ganz allgemein sagen, eine Distribution L_2 der Ordnung $m - 1$ mit supp $L_2 \subset K$ ist *durch Balayage* von L_1 auf K *erzeugt*, wenn für $|\beta| \leqq m - 1$ a. ü. in $R^n \setminus \Omega$ die Beziehungen (8.4) und (8.5) gelten. Es soll bisweilen auch davon gesprochen werden, daß für die Distribution L_1 die Balayage auf K möglich ist, falls eine weitere Distribution L_2 mit den angegebenen Eigenschaften existiert.

Beweis des Satzes 8.2. Die Distribution L_1 kann als stetige Linearform auf $C^{m-1}(K_0)$ aufgefaßt werden. Nach den Hilfssätzen 8.2 und 8.3 existiert dann eine stetige Linearform L_2 auf $C^{m-1}(K_0)$ mit $\operatorname{supp} L_2 \subset K^*$ und

$$L_1(g) = L_2(g) \text{ für alle } g \in {}^{\Omega}D^{m-1}(\Phi) \,. \tag{8.6}$$

Nach Hilfssatz 8.4 ist mit K auch K^* vom Typ C_{m-1}. Deshalb läßt sich L_2 durch Maße μ_α mit $\operatorname{supp} \mu_\alpha \subset K^*$ darstellen, und (8.6) schreibt sich wie folgt:

$$\sum_\alpha \int D^\alpha g(x)\, d\nu_\alpha(x) = \sum_\alpha \int D^\alpha g(x)\, d\mu_\alpha(x) \,. \tag{8.7}$$

Setzt man hier speziell $g \in {}^{\Omega}D_1^{m-1}(\Phi)$ ein, d. h.

$$g(x) = \sum_\beta (D^\beta \Phi)\, \lambda_\beta(x) = \sum_\beta \int (D^\beta \Phi)(x, y)\, d\lambda_\beta(y)$$

und

$$D^\alpha g(x) = \sum_\beta \int (D^{\alpha+\beta} \Phi)(x, y)\, d\lambda_\beta(y) \,,$$

so schreibt sich (8.7) in der Form

$$\sum_\alpha \int \Big[\sum_\beta \int (D^{\alpha+\beta}\Phi)\,(x, y)\, d\lambda_\beta(y)\Big]\, d\nu_\alpha(x) = \sum_\alpha \int \Big[\sum_\beta \int (D^{\alpha+\beta}\Phi)(x, y)\, d\lambda_\beta(y)\Big]\, d\mu_\alpha(x)$$

oder nach Anwendung des Satzes von FUBINI

$$\sum_\beta \int \Big[\sum_\alpha \int (D^{\alpha+\beta}\Phi)(x, y)\, d\nu_\alpha(x)\Big]\, d\lambda_\beta(y) = \sum_\beta \int \Big[\sum_\alpha \int (D^{\alpha+\beta}\Phi)(x, y)\, d\mu_\alpha(x)\Big]\, d\lambda_\beta(y) \,.$$

Letztere Gleichheit gilt für alle Distributionen $L = L(\{\lambda_\beta\}) \in {}^{\Omega}\mathfrak{F}(\Phi)$. Es sei $\beta = \beta_0$ fest. Dann betrachten wir speziell solche $L \in {}^{\Omega}\mathfrak{F}(\Phi)$, für die $\lambda_\beta = 0$ für $\beta \neq \beta_0$ gilt. Indem wir λ_{β_0} alle Maße aus ${}^{\Omega}F(\Phi)$ durchlaufen lassen und Satz 4.2 anwenden, ergibt sich (nach Vertauschung von x und y)

$$\Phi_{\beta_0}^* L_1(x) = \Phi_{\beta_0}^* L_2(x) \text{ a. ü. für } R^n \backslash \Phi \,. \tag{8.8}$$

Da β_0 beliebig war, gilt (8.8) für alle β mit $|\beta| \leqq m - 1$. Wir setzen nun in (8.7) speziell $g \in {}^{\Omega}D_2^{m-1}(\Phi)$ ein. Mit $g(x) = \sum_\beta (D^\beta\Phi)^* \lambda_\beta(x) = \sum_\beta \int (D^\beta\Phi)(y, x) d\lambda_\beta(y)$ und $D^\alpha g(x) = \sum_\beta (-1)^{|\alpha|} \int (D^{\alpha+\beta}\Phi)\,(y, x)\, d\lambda_\beta(y)$ (man beachte Formel (3.3)) erhält man in völlig analoger Weise

$$\sum_\beta \int \Big[\sum_\alpha \int (-1)^{|\alpha|}\, (D^{\alpha+\beta}\Phi)\,(y, x)\, d\nu_\alpha(x)\Big]\, d\lambda_\beta(y)$$
$$= \sum_\beta \int \Big[\sum_\alpha \int (-1)^{|\alpha|}\, (D^{\alpha+\beta}\Phi)\,(y, x)\, d\mu_\alpha(x)\Big]\, d\lambda_\beta(y)$$

und

$$\Phi_\beta L_1(x) = \Phi_\beta L_2(x) \text{ a. ü. für } R^n \backslash \Omega$$

und alle β mit $|\beta| \leqq m - 1$.

Wir zeigen nun, daß $\operatorname{supp} L_2 \subset K$ gilt. Es sei $f \in C_0^{m-1}(R^n)$ mit $\operatorname{supp} f \subset R^n \backslash \bar{\Omega}$. Nach Satz 8.1 existiert zu beliebigem $\varepsilon > 0$ ein Potential $g \in {}^{\Omega}D^{m-1}(\Phi)$ mit kompaktem Träger $\operatorname{supp} g \subset R^n \backslash \bar{\Omega}$ und

$$\sum_\alpha \sup_{x \in R^n} |D^\alpha f(x) - D^\alpha g(x)| < \varepsilon \,.$$

Wegen $\operatorname{supp} \nu_\alpha \subset \overline{\Omega}$ und $\operatorname{supp} g \subset R^n \backslash \overline{\Omega}$ folgt aus (8.7) für ein solches g stets $L_2(g) = 0$ und daher schließlich

$$|L_2(f)| = |L_2(f - g)| \leqq ||L_2|| \, ||f - g|| \leqq ||L_2|| \cdot \varepsilon ,$$

d. h. $L_2(f) = 0$ für alle $f \in C_0^{m-1}(R^n)$ mit $\operatorname{supp} f \subset R^n \backslash \overline{\Omega}$. $||L_2||$ bezeichne dabei die Norm von L_2, wenn man L_2 als stetige Linearform auf $C^{m-1}(K_0)$ auffaßt. Das bedeutet aber $\operatorname{supp} L_2 \subset K$. Daraus folgt weiter, daß in (8.4) und (8.5) für $x \in R^n \backslash \overline{\Omega}$ sogar die Gleichheit besteht, da alle diese Ausdrücke auf Grund von $\operatorname{supp} L_i \subset \overline{\Omega}$ $(i = 1, 2)$ in $R^n \backslash \overline{\Omega}$ stetig sind. Denn angenommen, für einen Punkt $x \in R^n \backslash \overline{\Omega}$ und irgendeine der Beziehungen (8.4) oder (8.5) gelte nicht die Gleichheit. Dann folgt aus der Stetigkeit beider Seiten, daß in einer ganzen Umgebung von x die linke und rechte Seite voneinander verschieden sind. Da eine solche Umgebung aber stets von positiver Φ-Kapazität ist, bedeutet dies einen Widerspruch zur Gleichheit annähernd überall □.

Bemerkung 8.2. *Das Bestehen der Beziehungen* (8.4) *und* (8.5) *ist der Beziehung* (8.6) *äquivalent.*

Beweis. Geht man von (8.4) und (8.5) aus, so kann man unter Berücksichtigung von Satz 4.2 zunächst durch Umkehrung des Beweisganges von Satz 8.2 $L_1(g_i) = L_2(g_i)$ für alle $g_i \in {}^{\Omega}D_i^{m-1}(\Phi)$ $(i = 1, 2)$ nachweisen. Wegen $g = \alpha_1 g_1 + \alpha_2 g_2$ für $g \in {}^{\Omega}D^{m-1}(\Phi)$ folgt daraus die Behauptung □.

Satz 8.3. *Das Potential $\Phi * L$ ist durch die Distribution L der Ordnung $m - 1$ annähernd überall eindeutig bestimmt, ist also in diesem Sinne unabhängig von der speziellen Darstellung durch Maße μ_α. In demselben Sinne ist auch die Zuordnung $L \to \Phi * L$ umkehrbar eindeutig.*

Beweis. Aus $L_1 = L_2$ folgt sofort $L_1(g) = L_2(g)$ für alle $g \in D^{m-1}(\Phi)$ und daraus ganz entsprechend dem Beweis von Satz 8.2 $\Phi * L_1 = \Phi * L_2$ a. ü. im ganzen Raum. Umgekehrt folgt aus $\Phi * L_1 = \Phi * L_2$ a. ü. nach Satz 4.2

$$\int \Phi * L_1(x) \, d\lambda(x) = \int \Phi * L_2(x) \, d\lambda(x)$$

für alle $\lambda \in F(\Phi)$. Anwendung des Satzes von Fubini ergibt $L_1(g) = L_2(g)$ für alle $g \in H(\Phi)$. Nach Satz 6.2 bedeutet das $L_1 = L_2$ □.

Bemerkung 8.3. *Die Aussage von Satz 8.3 gilt auch für die Potentiale $\Phi_0 L$. Der Beweis verläuft analog unter Benutzung von Bemerkung 8.1.*

Wir wollen jetzt vorläufig nur annehmen, daß K vom Typ C_{m-1} ist, und nicht die Bedingung I voraussetzen. Wir beweisen eine notwendige und hinreichende Bedingung dafür, daß für eine fest vorgegebene Distribution $L_1 = L_1(\{\nu_\alpha\})$ mit kompaktem Träger die Balayage auf K möglich ist. Zuvor wieder einige Bezeichnungen. L sei eine Distribution der Ordnung $m - 1$ mit $\operatorname{supp} L \subset K$. Nach § 2 kann L als stetige Linearform auf $W^{m-1}(K)$ aufgefaßt werden. Mit $||L||_K$ wollen wir dann die Norm von L bezeichnen, d. h.

$$||L||_K = \sup_{\dot{f} \in W^{m-1}(K), \, ||\dot{f}|| \leqq 1} |L(\dot{f})| .$$

$\dot{g}$ bedeute das von $g \in {}^{\Omega}D^{m-1}(\Phi)$ auf K erzeugte W-Taylor-Feld. Ist L eine beliebige Distribution der Ordnung $m - 1$ mit kompaktem Träger, und ist auf ${}^{\Omega}D^{m-1}(\Phi; K) \subset W^{m-1}(K)$ die Linearform $\dot{g} \to L(g)$ eindeutig definierbar (was durchaus nicht immer der Fall zu sein braucht, denn da es verschiedene Funktionen aus ${}^{\Omega}D^{m-1}(\Phi)$ geben kann, die auf K die gleiche Einschränkung $\dot{g}$ erzeugen, ist die (lineare) Abbildung $\dot{g} \to L(g)$ im allgemeinen nicht eindeutig), so soll diese mit L_K bezeichnet werden. Der folgende Satz kann als Verallgemeinerung eines Ergebnisses von P. Meinhold [1], [2] aufgefaßt werden.

Satz 8.4. *Der Rand K des Gebietes Ω sei vom Typ C_{m-1} und $L = L(\{\nu_\alpha\})$ sei eine Distribution der Ordnung $m - 1$ mit kompaktem Träger. Genau dann existiert eine durch Balayage von L erzeugte Distribution L_2 der Ordnung $m - 1$ mit $\operatorname{supp} L_2 \subset K$, wenn die Linearform L_K auf ${}^{\Omega}D^{m-1}(\Phi; K) \subset W^{m-1}(K)$ eindeutig erklärbar und bezüglich der Norm (2.2) stetig ist, d. h. also, falls für alle $g \in {}^{\Omega}D^{m-1}(\Phi)$ eine Ungleichung der Form*

$$|L(g)| \leqq m(L) \sum_{\alpha} \sup_{x \in K} |D^\alpha g(x)| \tag{8.9}$$

besteht, wobei $m(L) > 0$ eine von g unabhängige Konstante ist.

Beweis. Die angegebene Bedingung sei erfüllt. Nach Bemerkung 8.2 haben wir die Existenz einer Distribution L_2 der genannten Art zu zeigen, welche für alle $g \in {}^{\Omega}D^{m-1}(\Phi)$ der Beziehung $L(g) = L_2(g)$ genügt. Nach dem Satz von Hahn-Banach (vgl. G. Köthe [1], S. 199) läßt sich L_K zu einer stetigen Linearform L_2 auf $W^{m-1}(K)$ fortsetzen. L_2 wird (vgl. § 2) als Distribution aufgefaßt. Für jedes $g \in {}^{\Omega}D^{m-1}(\Phi)$ gilt dann

$$L_K(\dot{g}) = L(g) = L_2(\dot{g}) = L_2(g)\,, \quad \text{d. h.} \quad L(g) = L_2(g)\,.$$

Umgekehrt existiere ein L_2 mit $\operatorname{supp} L_2 \subset K$ und $L(g) = L_2(g)$ für alle $g \in {}^{\Omega}D^{m-1}(\Phi)$. Wegen $\operatorname{supp} L_2 \subset K$ gilt $L(g) = L_2(g) = 0$ für alle $g \in {}^{\Omega}D^{m-1}(\Phi) \cap J^{m-1}(K)$. ($J^{m-1}(K)$ bezeichne hier die Menge aller $f \in C^{m-1}(R^n)$ mit $D^\alpha f(x) = 0$ für alle $x \in K$ und $|\alpha| \leqq m - 1$). Also ist L_K eindeutig definiert. Es sei nun $\dot{g} \in {}^{\Omega}D^{m-1}(\Phi; K) \subset W^{m-1}(K)$ und $g \in {}^{\Omega}D^{m-1}(\Phi)$ eine Fortsetzung von $\dot{g}$. Dann gilt, betrachtet man L_2 wieder als stetige Linearform auf $W^{m-1}(K)$, $L_K(\dot{g}) = L(g) = L_2(g) = L_2(\dot{g})$, d. h., L_K ist die Einschränkung von L_2 auf ${}^{\Omega}D^{m-1}(\Phi; K) \subset W^{m-1}(K)$ und deshalb stetig □.

Den Satz 8.4 werden wir im nächsten Paragraphen anwenden. Zum Abschluß dieses Abschnittes beweisen wir noch einen Satz über den Zusammenhang der Balayage allgemeiner und spezieller Distributionen. Das Gebiet Ω erfülle wieder die Bedingung I und der Rand K sei vom Typ C_{m-1}. Es sei $x \in \Omega$ und $\gamma = (\gamma_1, \ldots, \gamma_n)$ mit $|\gamma| \leqq m - 1$ fest gegeben. Mit $L_{x,\gamma}$ bezeichnen wir diejenige Distribution $L_{x,\gamma}(\{\nu_\alpha\})$, für die $\nu_\alpha = 0$ für $\alpha \neq \gamma$ und $\nu_\gamma = \delta_x$ gilt. Für $\gamma = (0, \ldots, 0)$ schreiben wir einfach L_x. Nach Satz 8.2 existiert zu jedem $L_1 = L_{x,\gamma}$ mit $x \in \Omega$ und $|\gamma| \leqq m - 1$ eine Distribution der Ordnung $m - 1$ $L_2 = \Lambda_{x,\gamma}(\{\mu_\alpha^{x,\gamma}\}) = \Lambda_{x,\gamma}$ mit $\operatorname{supp} \mu_\alpha^{x,\gamma} \subset K$, so daß für alle $x \in R^n \setminus \overline{\Omega}$ und annähernd überall auf K für alle $\beta = (\beta_1, \ldots, \beta_n)$ mit $|\beta| \leqq m - 1$ die Beziehungen

$$\Phi_\beta^* \, L_{x,\gamma}(z) = \Phi_\beta^* \, \Lambda_{x,\gamma}(z)$$

und

$$\Phi_\beta \, L_{x,\gamma}(z) = \Phi_\beta \, \Lambda_{x,\gamma}(z)$$

bestehen. Oder ausführlich geschrieben

$$(D^{\gamma+\beta}\Phi)(x, z) = \sum_{\alpha} \int (D^{\alpha+\beta}\Phi)(y, z)\, d\mu_{\alpha}^{x,\gamma}(y), \tag{8.10}$$

$$(-1)^{|\gamma|}(D^{\gamma+\beta}\Phi)(z, x) = \sum_{\alpha} \int (-1)^{|\alpha|}(D^{\alpha+\beta}\Phi)(z, y)\, d\mu_{\alpha}^{x,\gamma}(y). \tag{8.11}$$

Die durch L_x erzeugte Distribution werde einfach mit $\Lambda_x = \Lambda_x(\{\mu_{\alpha}^{x}\})$ bezeichnet. Im Zusammenhang mit (8.10) und (8.11) soll fernerhin von *Balayage der Punktmaße* gesprochen werden. Die Distributionen $\Lambda_{x,\gamma}$ werden in § 9 bei der Lösung des DIRICHLETschen Problems eine entscheidende Rolle spielen.

Wir wollen jetzt voraussetzen, daß für alle α, γ mit $|\alpha| \leqq m - 1$, $|\gamma| \leqq m - 1$ die Funktionen

$$g_{\gamma,\alpha}^{\varphi}(x) = (\mu_{\alpha}^{x,\gamma})^{+}(\varphi) = \int \varphi(y)\, d(\mu_{\alpha}^{x,\gamma})^{+}(y)$$

und

$$h_{\gamma,\alpha}^{\varphi}(x) = (\mu_{\alpha}^{x,\gamma})^{-}(\varphi) = \int \varphi(y)\, d(\mu_{\alpha}^{x,\gamma})^{-}(y)$$

($(\mu_{\alpha}^{x,\gamma})^{+}$ bzw. $(\mu_{\alpha}^{x,\gamma})^{-}$ bezeichne wie in § 3, Abschnitt 3, Positiv- bzw. Negativteil von $\mu_{\alpha}^{x,\gamma}$) für alle $\varphi \in C_0^{\infty}(R^n)$ BOREL-meßbar sind. Unter dieser Voraussetzung kann man leicht beweisen (vgl. zum Beispiel N. S. LANDKOFF [1], S. 25), daß für ein beliebiges Maß $\mu \geqq 0$ mit kompaktem Träger durch

$$\mu(g_{\gamma,\alpha}^{\varphi}) = \int g_{\gamma,\alpha}^{\varphi}(x)\, d\mu(x), \quad \mu(h_{\gamma,\alpha}^{\varphi}) = \int h_{\gamma,\alpha}^{\varphi}(x)\, d\mu(x)$$

positive Maße μ_1 und μ_2 definiert werden. Insbesondere ist durch

$$\mu'(\varphi) = \mu_1(\varphi) - \mu_2(\varphi) = \int \mu_{\alpha}^{x,\gamma}(\varphi)\, d\mu(x)$$

ein Maß erklärt mit supp $\mu' \subset K$, Entsprechendes gilt, wenn μ nicht notwendig positiv ist, auf Grund der Zerlegung $\mu = \mu^{+} - \mu^{-}$ $(\mu^{+} \geqq 0,\ \mu^{-} \geqq 0)$. Wir schreiben dafür $\mu' = \int \mu_{\alpha}^{x,\gamma}\, d\mu$. Wir wollen nun im nächsten Satz angeben, wie man aus der Balayage der Punktmaße die Balayage einer beliebigen Distribution L mit supp $L \subset \Omega$ gewinnen kann.

Satz 8.5. *Das Gebiet Ω genüge der Bedingung* I, *K sei vom Typ C_{m-1} und die Maße $\mu_{\alpha}^{x,\gamma}$ mögen die obigen Voraussetzungen erfüllen. $L_1 = L_1(\{\nu_{\alpha}\})$ sei eine Distribution mit supp $\nu_{\alpha} \subset \Omega$. Durch $L_2 = L_2(\{\mu_{\alpha}\})$ mit $\mu_{\alpha} = \sum_{\gamma} \int \mu_{\alpha}^{x,\gamma}\, d\nu_{\gamma}$ ist dann eine Distribution definiert, die durch Balayage von L_1 erzeugt wird.*

Beweis. Nach Bemerkung 8.2 haben wir

$$L_1(g) = L_2(g) \text{ für alle } g \in {}^{\Omega}D^{m-1}(\Phi)$$

zu zeigen. Zunächst ist auf Grund derselben Bemerkung (8.11) und (8.10) äquivalent zu

$$D^{\gamma}g(x) = \sum_{\alpha} \int D^{\alpha}g(z)\, d\mu_{\alpha}^{x,\gamma}(z).$$

Daraus folgt

$$\begin{aligned} L_1(g) &= \sum_{\gamma} \int D^{\gamma}g(x)\, d\nu_{\gamma}(x) = \sum_{\gamma} \int \Big[\sum_{\alpha} \int D^{\alpha}g(z)\, d\mu_{\alpha}^{x,\gamma}(z)\Big]\, d\nu_{\gamma}(x) \\ &= \sum_{\alpha} \Big[\sum_{\gamma} \int \int D^{\alpha}g(z)\, d\mu_{\alpha}^{x,\gamma}(z)\Big]\, d\nu_{\gamma}(x) \\ &= \sum_{\alpha} \int D^{\alpha}g(z)\, d\mu_{\alpha}(z) = L_2(g) \ \square. \end{aligned}$$

In § 11 kann man sich davon überzeugen, daß die Voraussetzungen des Satzes zum Beispiel für die Kugel erfüllt sind.

Zum Abschluß noch eine Bemerkung zur hier entwickelten Balayage-Theorie. Der Satz 8.2 reduziert sich im Falle der Potentialgleichung auf das klassische sogenannte schwache Balayage-Prinzip der Potentialtheorie. Demgegenüber kann man die Beziehungen (8.4) und (8.5) im allgemeinen Fall $m > 1$ als eine gewisse „Berührung höherer Ordnung" ansehen. Diese ist rein heuristisch dadurch motiviert, daß für $m > 1$ beim DIRICHLETschen Problem auf dem Rand von Ω auch Werte für die Ableitungen vorgeschrieben sind. Auf den Zusammenhang des hier bewiesenen Balayage-Prinzips mit dem DIRICHLETschen Problem werden wir in § 9 eingehen.

§ 9. Das DIRICHLETsche Problem für selbstadjungierte Differentialoperatoren

1. Eine hinreichende Bedingung für die Lösbarkeit des DIRICHLETschen Problems

In diesem Paragraphen wollen wir die Balayage-Theorie von § 8 auf das DIRICHLETsche Problem anwenden. Wir werden dabei feststellen, daß auch in diesem Zusammenhang eine große Anzahl von Resultaten und Begriffen der klassischen Potentialtheorie auf elliptische Differentialgleichungen beliebiger Ordnung verallgemeinert werden kann. Zunächst wollen wir das DIRICHLETsche Problem in einer unseren Betrachtungen angepaßten Weise formulieren.

DIRICHLETsches Problem. Auf dem Rand K des Gebietes Ω sei ein W-TAYLOR-Feld $\dot{f} = \{f_\alpha\}_{|\alpha| \leqq m-1}$ der Ordnung $m - 1$ vorgegeben, d. h., es existiere eine Funktion $v \in C^{m-1}(R^n)$ mit $D^\alpha v(x) = f_\alpha(x)$ für alle $x \in K$ und $|\alpha| \leqq m - 1$. Gesucht ist eine Funktion $u \in C^{2m}(\Omega) \cap C^{m-1}(\bar{\Omega})$, die in Ω der Differentialgleichung $\mathscr{L}[u] = 0$ genügt und für $x \in K$ die Randwerte $D^\alpha u(x) = f_\alpha(x)$ stetig annimmt.

Um eine erste hinreichende Bedingung für die Lösbarkeit des DIRICHLETschen Problems zu beweisen, ist eine weitere Bedingung an den Rand K zu machen (man vergleiche Satz 9.2 und die Beispiele in § 11 für das Erfülltsein bzw. Nicht-Erfülltsein dieser Bedingung).

Bedingung II. Der Raum ${}^\Omega D^{m-1}(\Phi; K)$ sei im Raum $W^{m-1}(K)$ bezüglich der Norm (2.2) dicht.

Hilfssatz 9.1. *Der Rand K des Gebietes Ω sei vom Typ C_{m-1} und Ω genüge der Bedingung* I.

Durchläuft x ganz Ω, so existieren für alle γ mit $|\gamma| \leqq m - 1$ ausgezeichnete Scharen von Distributionen $\Lambda_{x,\gamma}$ (die durch Balayage von $L_{x,\gamma}$ erzeugt sind), für welche die Normen $||\Lambda_{x,\gamma}||_K$ (vgl. § 8, *Ausführungen vor Satz* 8.4) *bezüglich x gleichmäßig beschränkt sind.*

Beweis. Nach Satz 8.4 besteht für $L = L_{x,\gamma}$ die Ungleichung (8.9), worin offenbar $m(L) = ||L_K||$ gesetzt werden kann. Dabei ist zu beachten, daß wegen der Bedingung I die Voraussetzungen dieses Satzes erfüllt sind. Aus dem ersten Teil des Beweises von Satz 8.4 geht hervor, daß die auf ${}^\Omega D^{m-1}(\Phi; K) \subset W^{m-1}(K)$

erklärte und stetige Linearform $L_K: \dot{g} \to L_{x,\gamma}(g)$ so zu einer Distribution $L_2 = \Lambda_{x,\gamma}$ mit $\operatorname{supp} L_2 \subset K$ fortgesetzt werden kann, daß $\|\Lambda_{x,\gamma}\|_K = \|L_K\|$ gilt (Satz von HAHN-BANACH). Andererseits gilt, wenn man $L_{x,\gamma}$ als stetige Linearform auf $C^{m-1}(\bar{\Omega})$ mit der Norm $\|L_{x,\gamma}\|$ auffaßt, auf Grund der Bedingung I für $g \in {}^{\Omega}D^{m-1}(\Phi)$ die Abschätzung

$$|L_{x,\gamma}(g)| \leqq \|L_{x,\gamma}\| \sum_{\alpha} \sup_{x \in \bar{\Omega}} |D^\alpha g(x)| \leqq k \, \|L_{x,\gamma}\| \sum_{\alpha} \sup_{x \in K} |D^\alpha g(x)| \,. \tag{9.1}$$

Vergleicht man nun (9.1) mit (8.9), so folgt weiter $m(L) = \|L_K\| = \|\Lambda_{x,\gamma}\|_K \leqq k \, \|L_{x,\gamma}\|$ und wegen $\|L_{x,\gamma}\| = 1$ schließlich $\|\Lambda_{x,\gamma}\|_K \leqq k$ für alle $x \in \Omega$ und alle γ mit $|\gamma| \leqq m - 1$ □.

Bemerkung 9.1. *Aus Bemerkung 8.2 folgt unmittelbar, daß die Distribution L_2 in Satz 8.2 genau dann eindeutig bestimmt ist, wenn das Gebiet Ω der Bedingung II genügt. Insbesondere sind in diesem Falle die Distributionen $\Lambda_{x,\gamma}$ ($x \in \Omega$, $|\gamma| \leqq m - 1$) eindeutig bestimmt, und Hilfssatz 9.1 sagt dann aus, daß unabhängig von x und γ $\|\Lambda_{x,\gamma}\| \leqq k$ gilt.*

Satz 9.1. *$\Omega \subset R^n$ sei ein Gebiet, welches den Bedingungen I und II genügt, und der Rand K von Ω sei vom Typ C_{m-1}. $\dot{f} = \{f_\alpha\}_{|\alpha| \leqq m-1}$ sei ein auf K definiertes W-TAYLOR-Feld der Ordnung $m - 1$. Dann ist das DIRICHLETsche Problem bezüglich Ω und $\dot{f}$ eindeutig lösbar, und die Lösung u besitzt für beliebiges $x \in \Omega$ die Darstellung*

$$u(x) = \sum_{\alpha} \int f_\alpha(y) \, d\mu_\alpha^x(y) \,, \tag{9.2}$$

wobei $\Lambda_x = \Lambda_x(\{\mu_\alpha^x\})$ die nach Bemerkung 9.1 eindeutig definierte, durch Balayage von $L_x (x \in \Omega)$ auf K erzeugte Schar von Distributionen bezeichnet.

Beweis. Wir betrachten zunächst Randwerte $\dot{f} = \{f_\alpha\} \in {}^{\Omega}D^{m-1}(\Phi; K)$. Es existiere also eine Funktion $g \in {}^{\Omega}D^{m-1}(\Phi)$ mit $D^\alpha g = f_\alpha$ auf K. Für diesen Fall ist die gesuchte Lösung des Problems die Funktion g selbst. Die Gültigkeit von (9.2) folgt aus Bemerkung 8.2, da Λ_x durch Balayage von L_x erzeugt ist. Für die Ableitungen $D^\beta g(x)$ gilt aus demselben Grund

$$D^\beta g(x) = \sum_{\alpha} \int D^\alpha g(y) \, d\mu_\alpha^{x,\beta}(y) \,. \tag{9.3}$$

Nunmehr sei $\dot{f} = \{f_\alpha\}$ ein beliebiges Element aus $W^{m-1}(K)$. Dann existiert wegen Bedingung II eine Folge $(g^{(n)})$ von Funktionen aus ${}^{\Omega}D^{m-1}(\Phi)$ mit

$$\sum_{\alpha} \sup_{y \in K} |f_\alpha(y) - D^\alpha g^{(n)}(y)| \to 0 \tag{9.4}$$

für $n \to \infty$. Wir setzen

$$u(x) = \sum_{\alpha} \int f_\alpha(y) \, d\mu_\alpha^x(y)$$

und bilden die Differenz

$$u(x) - g^{(n)}(x) = \sum_{\alpha} \int [f_\alpha(y) - D^\alpha g^{(n)}(y)] \, d\mu_\alpha^x(y) \,.$$

Aus Bemerkung 9.1 und $\operatorname{supp} \Lambda_x \subset K$ folgt dann, wenn man wieder Λ_x als stetige Linearform auf $W^{m-1}(K)$ auffaßt,

$$|u(x) - g^{(n)}(x)| \leqq k \sum_{\alpha} \sup_{y \in K} |f_\alpha(y) - D^\alpha g^{(n)}(y)| .$$

Diese Abschätzung gilt gleichmäßig bezüglich x. Wegen (9.4) ist also u als gleichmäßiger Limes einer Folge stetiger Funktionen in Ω stetig. Insbesondere ergibt sich nach einem bekannten Resultat aus der Theorie der elliptischen Differentialgleichungen (vgl. F. E. BROWDER [2], S. 745), daß u in Ω als Grenzwert einer gleichmäßig konvergenten Folge von Lösungen der Differentialgleichung $\mathcal{L}[g^{(n)}] = 0$ ebenfalls der Differentialgleichung $\mathcal{L}[u] = 0$ genügt. Entsprechend kann man die Funktionen

$$u_\beta(x) = \sum_\alpha \int f_\alpha(y)\, d\mu_\alpha^{x,\beta}(y)$$

sowie die Differenzen

$$u_\beta(x) - D^\beta g(x) = \sum_\alpha \int [f_\alpha(y) - D^\alpha g^{(n)}(y)]\, d\mu_\alpha^{x,\beta}(y)$$

betrachten. Es ergibt sich als Resultat, daß die Folge $(g^{(n)})$ sowie die Folgen der Ableitungen $(D^\beta g^{(n)})$ mit $|\beta| \leqq m - 1$ in $\overline{\Omega}$ gleichmäßig gegen u bzw. u_β konvergieren. Auf dem Rand K werden die Funktionen u und u_β durch ihre Grenzwerte definiert. Die Existenz derselben ersieht man daraus, daß $(g^{(n)})$ und $(D^\beta g^{(n)})$ in $\overline{\Omega}$ CAUCHY-Folgen sind. Aus der Vollständigkeit von $C^{m-1}(\overline{\Omega})$ bezüglich der Norm (2.4) folgt, daß alle diese Funktionen stetig sind und u_β die partiellen Ableitungen von u darstellen. Aus dem Beweis ist klar, daß u die vorgeschriebenen Randwerte stetig annimmt. Die Eindeutigkeit der Lösung ist schließlich eine unmittelbare Folge der Bedingung I $\square$.

Um im konkreten Fall die Gültigkeit der Bedingung II nachzuweisen (vgl. § 11), ist es zweckmäßig, eine äquivalente Formulierung dafür zu beweisen.

Satz 9.2. *Der Rand K des Gebietes Ω sei vom Typ C_{m-1}. Bedingung* II *ist genau dann erfüllt, wenn folgendes gilt: Genügt eine Distribution $L = L(\{\mu_\alpha\})$ den Bedingungen*

1. *supp* $\mu_\alpha \subset K$,
2. $\Phi_\beta^* L(x) = 0$ a. ü. *in* $R^n \setminus \Omega$ $(|\beta| \leqq m - 1)$,
3. $\Phi_\beta L(x) = 0$ a. ü. *in* $R^n \setminus \Omega$ $(|\beta| \leqq m - 1)$,

so ist $L = 0$.

Beweis. Es sei $\overline{{}^\Omega D^{m-1}(\Phi; K)} = W^{m-1}(K)$ vorausgesetzt und für $L = L(\{\mu_\alpha\})$ mögen die 3 Eigenschaften 1, 2 und 3 gelten. Es sei zunächst

$$g(x) = \sum_\beta \int (D^\beta \Phi)(x, y)\, d\lambda_\beta(y) \in {}^\Phi D_1^{m-1}(\Phi) .$$

Mittels Anwendung des Satzes von FUBINI erhält man

$$L(g) = \sum_\alpha \int D^\alpha g(x)\, d\mu_\alpha(x) = \sum_\alpha \int \Big[\sum_\beta \int (D^{\alpha+\beta} \Phi)(x, y)\, d\lambda_\beta(y)\Big]\, d\mu_\alpha(x)$$

$$= \sum_\beta \int \Phi_\beta^* L(y)\, d\lambda_\beta(y) .$$

Wegen 2. und Satz 4.2 folgt daraus $L(g) = 0$ für alle $g \in {}^{\Omega}D^{m-1}(\Phi)$. Betrachtet man

$$g(x) = \sum_{\beta} \int (D^{\beta}\Phi)(y, x)\, d\lambda_{\beta}(y) \in {}^{\Omega}D_2^{m-1\Omega}(\Phi)\,,$$

so ergibt sich analog

$$\begin{aligned} L(g) &= \sum_{\alpha} \int \Big[\sum_{\beta} \int (-1)^{|\alpha|} (D^{\alpha+\beta}\Phi)(y, x)\, d\lambda_{\beta}(y)\Big] d\mu_{\alpha}(x) \\ &= \sum_{\beta} \int \Phi_{\beta}\, L(y)\, d\lambda_{\beta}(y) = 0\,. \end{aligned}$$

Folglich gilt $L(g) = 0$ für alle $g \in {}^{\Omega}D^{m-1}(\Phi)$. Es sei $f \in C_0^{m-1}(R^n)$. Wegen $\operatorname{supp} L \subset K$ ergibt sich (L aufgefaßt als stetige Linearform auf $W^{m-1}(K)$) für beliebiges $g \in {}^{\Omega}D^{m-1}(\Phi)$

$$|L(f)| = |L(f - g)| \leqq ||L||_K \sum_{\alpha} \sup_{x \in K} |D^{\alpha}f(x) - D^{\alpha}g(x)|\,.$$

Aus $\overline{{}^{\Omega}D^{m-1}(\Phi; K)} = W^{m-1}(K)$ folgt daraus $L(f) = 0$ für alle $f \in C_0^{m-1}(R^n)$, d. h. $L = 0$.

Umgekehrt folge aus 1, 2 und 3 stets $L = 0$. Angenommen, es sei unter dieser Voraussetzung $\overline{{}^{\Omega}D^{m-1}(\Phi; K)} \neq W^{m-1}(K)$. Dann existiert ein $\dot{f}_0 \in W^{m-1}(K)$ mit $\dot{f}_0 \notin \overline{{}^{\Omega}D^{m-1}(\Phi; K)}$. f_0 sei eine Fortsetzung von $\dot{f}_0$ zu einer Funktion aus $C^{m-1}(R^n)$. Nach einer Folgerung des Satzes von HAHN-BANACH (vgl. G. KÖTHE [1], S. 200) existiert weiter eine stetige Linearform $L^* \neq 0$ auf $W^{m-1}(K)$, die sich (K ist vom Typ C_{m-1}) — aufgefaßt als Distribution — durch Maße μ_{α}^* darstellen läßt und die die Eigenschaften $L^*(f_0) \neq 0$, $L^*(g) = 0$ für alle $g \in \overline{{}^{\Omega}D^{m-1}(\Phi; K)}$ besitzt. Es gilt also (vgl. den ersten Teil des Beweises)

$$\sum_{\beta} \int \Phi_{\beta}^*\, L^*(y)\, d\lambda_{\beta}(y) = 0$$

und

$$\sum_{\beta} \int \Phi_{\beta}\, L^*(y)\, d\lambda_{\beta}(y) = 0$$

für alle $L = L(\{\lambda_{\beta}\}) \in {}^{\Omega}\mathfrak{F}(\Phi)$. Die gleiche Schlußweise wie im Beweis von Satz 8.2 liefert daraus die Gültigkeit von 2 und 3. Nach Voraussetzung folgt deshalb $L^* = 0$, im Widerspruch zu $L^* \neq 0$. Also gilt $\overline{{}^{\Omega}D^{m-1}(\Phi; K)} = W^{m-1}(K)$ □.

Außer der Bedingung II formulieren wir noch

Bedingung II$_1$. Der Raum ${}^{\Omega}D_1^{m-1}(\Phi; K)$ sei im Raum $W^{m-1}(K)$ bezüglich der Norm (2.2) dicht.

Bedingung II$_2$. Der Raum ${}^{\Omega}D_2^{m-1}(\Phi; K)$ sei im Raum $W^{m-1}(K)$ bezüglich der Norm (2.2) dicht.

Man erhält zu den Bedingungen II$_1$ und II$_2$ äquivalente Bedingungen entsprechend Satz 9.2, indem man in der Formulierung dieses Satzes Punkt 3 bzw. Punkt 2 wegläßt (vgl. § 10).

Bemerkung 9.2. *Aus dem Beweis von Satz* 9.1 *geht hervor, daß Satz* 9.1 *auch noch gilt, wenn man darin Bedingung* II *durch Bedingung* II$_1$ *oder Bedingung* II$_2$ *ersetzt.*

2. Der Begriff der $\mathfrak{C}_\Phi$-Absolutstetigkeit

Wir wollen einen Begriff definieren, der im folgenden von erstrangiger Bedeutung sein wird. Hierzu bezeichnen wir eine Menge $B \subset R^n$ als *universell meßbar*, wenn sie für alle positiven Radonschen Maße meßbar ist. Entsprechend definiert man eine *universell meßbare* Funktion.

Definition 9.1. Eine Distribution L der Ordnung $m - 1$ mit kompaktem Träger heiße *$\mathfrak{C}_\Phi$-absolutstetig*, wenn sie eine Darstellung $L = L(\{\mu_\alpha\})$ durch Maße besitzt, für die $\mu_\alpha(B) = 0$ für alle universell meßbaren Mengen $B \subset R^n$ mit $\mathfrak{C}_\Phi(B) = 0$ gilt. Für die Potentialgleichung findet man diese Definition bereits bei N. S. Landkoff [1].

Offenbar besitzen auf Grund von Satz 4.1 alle Distributionen $L \in \mathfrak{F}(\Phi)$ diese Eigenschaft. Darüber hinaus ist zum Beispiel bei der Potentialgleichung ($m = 1$) jedes Maß von endlicher Energie $\mathfrak{C}_\Phi$-absolutstetig (vgl. N. S. Landkoff [1], S. 170). Unter der *Energie* des Maßes μ bezüglich des Kernes Φ_P versteht man dabei die Zahl

$$\int \Phi_P\, \mu^+(x)\, d\mu^+(x) + \int \Phi_P\, \mu^-(x)\, d\mu^-(x) - 2 \int \Phi_P\, \mu^+(x)\, d\mu^-(x)\,,$$

vorausgesetzt, daß dieser Ausdruck einen Sinn hat.

Bemerkung 9.3. *L sei $\mathfrak{C}_\Phi$-absolutstetig, $L = L(\{\mu_\alpha\})$ eine entsprechende Darstellung und V eine universell meßbare Funktion. Dann folgt aus $V = 0$ a. ü. stets $\int V(x)\, d\mu_\alpha(x) = 0$ für alle α. Der Beweis folgt unmittelbar aus der Definition der $\mathfrak{C}_\Phi$-Absolutstetigkeit.*

Es sollen jetzt Formeln abgeleitet werden, die eine Verallgemeinerung der bekannten Formel von M. Riess [1], S. 20, (vgl. auch N. S. Landkoff [1], S. 304) darstellen und die wir anschließend zum Beweis einer wichtigen Eindeutigkeitsaussage bezüglich der Balayage heranziehen werden.

Hilfssatz 9.2. *Das Gebiet $\Omega \subset R^n$ genüge der Bedingung I, der Rand K sei vom Typ C_{m-1} und $x \in \Omega$. $\Lambda_x = \Lambda_x(\{\mu_\alpha^x\})$ sei eine beliebige durch Balayage von L_x erzeugte Distribution. L_μ sei eine $\mathfrak{C}_\Phi$-absolutstetige Distribution der Ordnung $m - 1$ mit supp $L_\mu \subset K$ und $L_\mu = L_\mu(\{\mu_\beta\})$ eine entsprechende Darstellung. Mit*

$$\tilde{\Phi}_\alpha\, L_\mu(y) = \sum_\beta \int (D^{\alpha+\beta}\,\Phi)\,(y, z)\, d\mu_\beta(z)$$

gilt dann

$$\Phi\, L_\mu(x) = \sum_\alpha \int \tilde{\Phi}_\alpha\, L_\mu(y)\, d\mu_\alpha^x(y) \tag{9.5}$$

und

$$\Phi^*\, L_\mu(x) = \sum_\alpha (-1)^{|\alpha|} \int \Phi_\alpha^*\, L_\mu(y)\, d\mu_\alpha^x(y)\,. \tag{9.6}$$

Beweis. Wir setzen

$$G_\beta^*(x, z) = \Phi_\beta^*\, L_x(z) - \Phi_\beta^*\, \Lambda_x(z) \qquad (|\beta| \leqq m - 1)\,.$$

Aus $G^*_\beta(x, z) = 0$ a. ü. auf K bezüglich z für alle β mit $|\beta| \leqq m - 1$ folgt dann auf Grund von Bemerkung 9.3

$$\begin{aligned} 0 &= \sum_\beta \int G^*_\beta(x, z)\, d\mu_\beta(z) \\ &= \sum_\beta \int (D^\beta \Phi)(x, z)\, d\mu_\beta(z) - \sum_\beta \int \Big[\sum_\alpha \int (D^{\alpha+\beta} \Phi)(y, z)\, d\mu^x_\alpha(y)\Big] d\mu_\beta(z)\,, \end{aligned}$$

d. h.

$$\Phi L_\mu(x) = \sum_\alpha \int \Big[\sum_\beta \int (D^{\alpha+\beta}\Phi)(y, z)\, d\mu_\beta(z)\Big] d\mu^x_\alpha(y)$$

oder

$$\Phi L_\mu(x) = \sum_\alpha \int \tilde{\Phi}_\alpha L_\mu(y)\, d\mu^x_\alpha(y)\,.$$

Entsprechend können wir den Ausdruck

$$G_\beta(x, z) = \Phi_\beta L_x(z) - \Phi_\beta \Lambda_x(z)$$

bilden. Es ergibt sich dann analog

$$\begin{aligned} 0 &= \sum_\beta \int G_\beta(x, z)\, d\mu_\beta(z) \\ &= \sum_\beta \int (D^\beta \Phi)(z, x)\, d\mu_\beta(z) - \sum_\beta \int \Big[\sum_\alpha \int (-1)^{|\alpha|} (D^{\alpha+\beta}\Phi)(z, y)\, d\mu^x_\alpha(y)\Big] d\mu_\beta(z) \end{aligned}$$

und

$$\Phi^* L_\mu(x) = \sum_\alpha (-1)^{|\alpha|} \int \Phi^*_\alpha L_\mu(y)\, d\mu^x_\alpha(y) \;\square\,.$$

Die Formel (9.6) kann für die Potentialgleichung unter viel allgemeineren Voraussetzungen bezüglich L_μ bewiesen werden. Sie wird in diesem Falle zum Beweis von Eindeutigkeitsaussagen benutzt (vgl. zum Beispiel N. S. LANDKOFF [1], S. 305). Eine ähnliche Anwendung ist auch für einen beliebigen der hier betrachteten Kerne Φ möglich. Nach Bemerkung 9.1 ist die Distribution L_2 in Satz 8.2 genau dann eindeutig bestimmt, wenn die Bedingung II erfüllt ist. Unter Anwendung der Formel (9.6) kann man jedoch auch im allgemeinen Fall eine wichtige Eindeutigkeitsaussage beweisen.

Satz 9.3. *Das Gebiet $\Omega \subset R^n$ erfülle die Bedingung* I *und der Rand K sei vom Typ C_{m-1}. Zu jedem $x \in \Omega$ existiere eine $\mathfrak{C}_\Phi$-absolutstetige Distribution $\Lambda_x = \Lambda_x(\{\mu^x_\alpha\})$, die durch Balayage von L_x erzeugt wird. $L_1 = L_1(\{\nu_\varkappa\})$ sei eine Distribution der Ordnung $m - 1$ mit supp $\nu_\alpha \subset \overline{\Omega}$. Es existiert dann höchstens eine $\mathfrak{C}_\Phi$-absolutstetige Distribution L_2 der Ordnung $m - 1$ mit supp $L_2 \subset K$, die durch Balayage von L_1 erzeugt wird. Insbesondere sind die Distributionen $\Lambda_{x,\beta}$ ($|\beta| \leqq m - 1$) innerhalb der Klasse der $\mathfrak{C}_\Phi$-absolutstetigen Distributionen eindeutig bestimmt.*

Beweis. Es seien L_2' und L_2'' zwei derartige Distributionen. Für $L_2 = L_2' - L_2''$ gilt dann nach Satz 8.2 für alle α mit $|\alpha| \leqq m - 1$ annähernd überall auf K sowie für alle $x \in R^n \setminus \overline{\Omega}$

$$\Phi^*_\alpha L_2 = 0\,.$$

Aus Hilfssatz 9.2, Formel (9.6), folgt dann auf Grund der $\mathfrak{C}_\Phi$-Absolutstetigkeit von $\Lambda_x(\{\mu^x_\alpha\})$

$$\Phi^* L_2(x) = 0 \text{ für alle } x \in \Omega\,.$$

Es gilt also $\Phi^* L_2(x) = 0$ a. ü. im R^n. Nach Satz 8.3 folgt daraus $L_2 = 0$, d. h. $L_2' = L_2''$ □.

Bemerkung 9.4. *Wenn man für das Gebiet Ω die Bedingung* I *nicht voraussetzt, sondern nur die Existenz einer Schar $\Lambda_{x,\beta}$ ($x \in \Omega$, $|\beta| \leqq m - 1$) $\mathfrak{C}_\Phi$-absolutstetiger, durch Balayage von $L_{x,\beta}$ auf K erzeugter Distributionen fordert, so sind die $\Lambda_{x,\beta}$ auch in diesem Falle eindeutig bestimmt. Das entnimmt man unmittelbar den Beweisen von Hilfssatz* 9.2 *und Satz* 9.3. *Diese Tatsache wird im folgenden Abschnitt von Interesse sein.*

Satz 9.4. *Das Gebiet $\Omega \subset R^n$ erfülle die Bedingung* I, *und der Rand K sei vom Typ C_{m-1}. Zu jedem Punkt $x \in \Omega$ existiere eine (nach Satz* 9.3 *eindeutig bestimmte) durch Balayage von L_x auf K erzeugte $\mathfrak{C}_\Phi$-absolutstetige Distribution Λ_x mit der Eigenschaft, daß in* (8.11) *überall auf K die Gleichheit vorliegt. Dann erfüllt das Gebiet Ω die Bedingung* II, *und nach Satz* 9.1 *ist das* DIRICHLET*sche Problem stets eindeutig lösbar.*

Beweis. Wir wollen den Satz 9.2 zum Beweis heranziehen. Es sei also $L = L(\{\mu_\alpha\})$ eine Distribution der Ordnung $m - 1$, die den Bedingungen 1, 2 und 3 von Satz 9.2 genügt. Es ist $L = 0$ zu zeigen. Hierzu beweisen wir, daß $\Phi^* L(x) = 0$ für alle $x \in \Omega$ gilt. Es ergibt sich

$$\begin{aligned} 0 &= \sum_\beta (-1)^{|\beta|} \int \Phi_\beta^* L(y)\, d\mu_\beta^x(y) = \sum_\beta (-1)^{|\beta|} \int \Big[\sum_\alpha \int (D^{\alpha+\beta}\Phi)(z, y)\, d\mu_\alpha(z)\Big]\, d\mu_\beta^x(y) \\ &= \sum_\alpha \int \Big[\sum_\beta \int (-1)^{|\beta|} (D^{\alpha+\beta}\Phi)(z, y)\, d\mu_\beta^x(y)\Big]\, d\mu_\alpha(z) \\ &= \sum_\alpha \int \Phi_\alpha \Lambda_x(z)\, d\mu_\alpha(z) = \sum_\alpha \int \Phi_\alpha L_x(z)\, d\mu_\alpha(z) \\ &= \sum_\alpha \int (D^\alpha\Phi)(z, x)\, d\mu_\alpha(z) = \Phi^* L(x)\,. \end{aligned}$$

Beim ersten Gleichheitszeichen wurde Bedingung 2 von Satz 9.2, supp $\mu_\beta^x \subset K$ und die $\mathfrak{C}_\Phi$-Absolutstetigkeit von $\Lambda_x = \Lambda_x(\{\mu_\beta^x\})$, beim dritten der Satz von FUBINI, beim fünften supp $\mu_\alpha \subset K$ und die Gleichheit $\Phi_\alpha \Lambda_x(z) = \Phi_\alpha L_x(z)$ für alle $z \in K$ benutzt. Es gilt also $\Phi^* L = 0$ a. ü. im R^n. Satz 8.3 liefert daraus $L = 0$, und nach Satz 9.2 ist damit die Bedingung II erfüllt □.

Bemerkung 9.5. *Im Beweis von Satz* 9.4 *wurde nur Punkt* 2 *von Satz* 9.2 *benutzt, d. h., es wurde bewiesen, daß sogar Bedingung* II_1 *erfüllt ist.*

Bemerkung 9.6. *Satz* 9.4 *bleibt richtig, wenn man darin* (8.10) *durch* (8.11) *ersetzt. Man benutzt dann im Beweis Punkt* 3 *von Satz* 9.2. *Es ergibt sich dabei auf analoge Weise*

$$0 = \sum_\beta \int \Phi_\beta L(y)\, d\mu_\beta^x(y) = \Phi_0 L(x) \text{ für } x \in \Omega\,.$$

Bemerkung 8.3 *liefert daraus $L = 0$. Auch in diesem Falle ist damit genauer sogar Bedingung* II_2 *nachgewiesen.*

Bemerkung 9.7. *Der Rand K von Ω besitze die folgende Eigenschaft: Für jeden Punkt $y \in K$ sei der Durchschnitt jeder Umgebung mit der Menge K von positiver Kapazität. (Dies gilt etwa für Gebiete, die nur von $(n - 1)$-dimensionalen Hyperflächen berandet werden.) Dann sind die Voraussetzungen von Satz* 9.4 *bzw.*

Bemerkung 9.6 *zum Beispiel erfüllt, wenn eine durch Balayage von L_x erzeugte Distribution $\Lambda_x = \Lambda_x(\{\mu_\alpha^x\})$ mit $\mu_\alpha^x \in F(\Phi)$ existiert. Die $\mathfrak{C}_\Phi$-Absolutstetigkeit von Λ_x folgt aus Satz* 4.1 *und die Gleichheit $\Phi_\beta \Lambda_x(z) = \Phi_\beta L_x(z)$ und $\Phi_\beta^* \Lambda_x(z) = \Phi_\beta^* L_x(z)$ für alle $z \in K$ und alle β mit $|\beta| \leqq m-1$ aus der Stetigkeit der entsprechenden Ausdrücke, Satz* 8.2 *und obiger Voraussetzung bezüglich K.*

Wir kommen in § 11 auf die Bemerkung 9.7 zurück.

3. Eine zweite hinreichende Bedingung und eine notwendige Bedingung für die Lösbarkeit des DIRICHLETschen Problems, reguläre und irreguläre Randpunkte

Wir wollen zunächst eine notwendige Bedingung für die Lösbarkeit des DIRICHLETschen Problems ableiten.

Satz 9.5. *Das Gebiet $\Omega \subset R^n$ genüge der Bedingung* I, *und der Rand K sei vom Typ C_{m-1}. Das* DIRICHLET*sche Problem sei für beliebige Randwerte $\dot{f} = \{f_\alpha\} \in W^{m-1}(K)$ (eindeutig) lösbar. Durchläuft dann x die Menge Ω, so existieren eindeutig bestimmte Scharen von Distributionen $\Lambda_{x,\beta} = \Lambda_{x,\beta}(\{\mu_\alpha^{x,\beta}\})$ $(|\beta| \leqq m-1)$ der Ordnung $m-1$ mit $\operatorname{supp} \Lambda_{x,\beta} \subset K$, die durch Balayage von $L_{x,\beta}$ erzeugt sind, deren Normen durch $||\Lambda_{x,\beta}||_K \leqq k$ gleichmäßig bezüglich x und β beschränkt sind, die bei festem β für $x \to x_0$ $(x_0 \in K)$ schwach gegen $L_{x_0,\beta}$ konvergieren (d. h. für alle $\dot{f} \in W^{m-1}(K)$ gelte $\Lambda_{x,\beta}(\dot{f}) \to L_{x_0,\beta}(\dot{f})$) und die schließlich noch die Eigenschaft besitzen, daß für die Ableitungen der Ordnung $|\beta| \leqq m-1$ der zu $\dot{f}$ gehörigen Lösung des* DIRICHLET*schen Problems die Darstellungsformeln*

$$D^\beta u(x) = \sum_\alpha \int f_\alpha(y)\, d\mu_\alpha^{x,\beta}(y) \tag{9.7}$$

gelten.

Beweis. Jedem Element $\dot{f} \in W^{m-1}(K)$ ist nach Voraussetzung eindeutig eine Lösung u des DIRICHLETschen Problems zugeordnet. Diese Zuordnung ist auf Grund der Linearität der Differentialgleichung linear. Für einen festen Punkt $x \in \Omega$ sind deshalb durch $\dot{f} \to D^\beta u(x)$ auf eindeutige Weise Linearformen $\Lambda_{x,\beta}$ definiert, die auf Grund der Bedingung I sogar stetig sind bezüglich der Norm (2.2), und zwar gilt $||\Lambda_{x,\beta}||_K \leqq k$. Nach Satz 2.1 existieren, da K vom Typ C_{m-1} ist, Darstellungen der Gestalt (9.7). Schließlich gilt wegen der stetigen Annahme der Randwerte für $x \to x_0 \in K$ stets $D^\beta u(x) \to f_\beta(x_0)$ für $|\beta| \leqq m-1$. Das heißt aber nach (9.7) gerade, daß $\Lambda_{x,\beta}$ schwach gegen $L_{x_0,\beta}$ konvergiert. Daß die Linearformen $\Lambda_{x,\beta}$ durch Balayage von $L_{x,\beta}$ erzeugt sind, folgt daraus, daß man in (9.7) $g \in {}^\Omega D^{m-1}(\Phi)$ einsetzen kann. (9.7) schreibt sich dann

$$D^\beta g(x) = \sum_\alpha \int D^\alpha g(y)\, d\mu_\alpha^{x,\beta}(y)\,,$$

d. h. $L_{x,\beta}(g) = \Lambda_{x,\beta}(g)$ für alle $g \in {}^\Omega D^{m-1}(\Phi)$. Nach Bemerkung (8.2) folgt daraus die Behauptung □.

Wir wollen nun weiter zeigen, daß für eine gewisse Klasse von Differentialgleichungen die Existenz der Scharen $\Lambda_{x,\beta}$ mit den genannten Eigenschaften unter der zusätzlichen Voraussetzung der $\mathfrak{C}_\Phi$-Absolutstetigkeit auch hinreichend für die Lösbarkeit des DIRICHLETschen Problems ist. Wir setzen voraus, daß der Kern Φ der Bedingung

$$(D^\alpha \Phi)(y, z) = (-1)^{|\alpha|} (D^\alpha \Phi)(z, y) \tag{9.8}$$

genügt. Diese Bedingung ist nach Hilfssatz 3.1 zum Beispiel im Falle der polyharmonischen Differentialgleichung $\Delta^m u = 0$ erfüllt.

Satz 9.6. *Das Gebiet $\Omega \subset R^n$ erfülle die Bedingung* I, *und der Rand K sei vom Typ C_{m-1}. Der Kern Φ genüge der Bedingung* (9.8). *Zu jedem $x \in \Omega$ und jedem β mit $|\beta| \leqq m-1$ möge eine $\mathfrak{C}_\Phi$-absolutstetige, durch Balayage von $L_{x,\beta}$ erzeugte Distribution $\Lambda_{x,\beta} = \Lambda_{x,\beta}(\{\mu_\alpha^{x,\beta}\})$ der Ordnung $m-1$ existieren. Es gelte $\|\Lambda_{x,\beta}\|_K \leqq C$ $(C > 0$ const). Für alle $x \in \Omega$, alle β mit $|\beta| \leqq m-1$ und für jeden Punkt $x_0 \in K$ möge $\Lambda_{x,\beta}$ für $x \to x_0$ schwach gegen $L_{x_0,\beta}$ konvergieren. Dann ist das* DIRICHLET*sche Problem für beliebige Randwerte $\dot{f} = \{f_\alpha\} \in W^{m-1}(K)$ eindeutig lösbar und für alle β mit $|\beta| \leqq m-1$ und alle $x \in \Omega$ gilt für die Lösung u*

$$D^\beta u(x) = \sum_\alpha \int f_\alpha(y)\, d\mu_\alpha^{x,\beta}(y)\,. \tag{9.7'}$$

Beweis. Daß die durch Formel (9.7)′ erklärten Funktionen $D^\beta u$ für $x \to x_0$ die vorgeschriebenen Randwerte $f_\beta(x_0)$ stetig annehmen, folgt unmittelbar aus der vorausgesetzten schwachen Konvergenz. Wir haben zu zeigen, daß die rechte Seite von (9.7)′ für $\beta = (0, \ldots, 0)$ in Ω der Differentialgleichung genügt und daß diese Ausdrücke für $\beta \neq (0, \ldots, 0)$ die Ableitung der Ordnung β von dieser Lösung darstellt. Wenn wir dies für eine bezüglich (2.2) in $W^{m-1}(K)$ dichte Menge E zeigen können, so ist alles bewiesen. Um das einzusehen, sei etwa $\dot{e}^{(n)} = \{e_\alpha^{(n)}\} \in E$ eine Folge mit $\|\dot{f} - \dot{e}^{(n)}\|_{K,m-1} \to 0$ für $n \to \infty$, $u_\beta(x) = \sum_\alpha \int f_\alpha(y)\, d\mu_\alpha^{x,\beta}(y)$ und $D^\beta u_n(x) = \sum_\alpha \int e_\alpha^{(n)}(y)\, d\mu_\alpha^{x,\beta}(y)$ $(|\beta| \leqq m-1)$. Dann gilt wegen $\|\Lambda_{x,\beta}\|_K \leqq C$

$$|u_\beta(x) - D^\beta u_n(x)| = \Big|\sum_\alpha \int [f_\alpha(y) - e_\alpha^{(n)}(y)]\, d\mu_\alpha^{x,\beta}(y)\Big|$$

$$\leqq C\, \|\dot{f} - \dot{e}^{(n)}\|_{K,m-1} \to 0 \text{ für } n \to \infty$$

für alle β mit $|\beta| \leqq m-1$ und gleichmäßig bezüglich x, d. h., $u(x)$ genügt als gleichmäßiger Limes von Lösungen der Differentialgleichung $\mathcal{L}[u_n] = 0$ derselben Differentialgleichung (F. W. BROWDER [2], S. 745) und $u_\beta(x)$ definiert die Ableitungen von $u(x)$. Letzteres sieht man folgendermaßen ein. Zu jedem Punkt $x \in \Omega$ existiert eine Kugel K_x, die ganz in Ω liegt. Da der Raum $C^{m-1}(K_x)$ vollständig ist, muß also $D^\beta u = u_\beta$ in K_x und folglich in ganz Ω gelten. Unter Benutzung des Hauptsatzes der Differential- und Integralrechnung kann dieser Sachverhalt auch sehr leicht direkt bewiesen werden. Man wendet diesen Satz auf die Funktionen u_n an und geht in der erhaltenen Formel zur Grenze $n \to \infty$ über.

Im weiteren Verlauf des Beweises werden wir zeigen, daß wir als Teilmenge $E \subset W^{m-1}(K)$ den Raum der auf K eingeschränkten Funktionen der Gestalt $h(y) = \int \Phi(y, z)\, \mathcal{L}[\varphi](z)\, dz$ $(\varphi \in C_0^\infty(R^n))$ wählen können. $\overline{E} = W^{m-1}(K)$ folgt unmittelbar aus dem Beweis zu Satz 6.2, denn man kann jedes $\dot{f} \in W^{m-1}(K)$ zu einer Funktion $f \in C_0^{m-1}(R^n)$ fortsetzen. Zur Abkürzung setzen wir im folgenden $\mathcal{L}[\varphi] = \psi$. Wir beweisen nun zunächst für $x, z \in \Omega$ die Gültigkeit der Beziehung $\Phi^* \Lambda_x(z) = \Phi^* \Lambda_z(x)$. Es gilt nämlich

$$\begin{aligned}
\Phi^* \Lambda_x(z) &= \sum_\alpha \int (D^\alpha \Phi)(y, z)\, d\mu_\alpha^x(y) = \sum_\alpha \int (-1)^{|\alpha|} (D^\alpha \Phi)(z, y)\, d\mu_\alpha^x(y) \\
&= \sum_\alpha (-1)^{|\alpha|} \int \Big[\sum_\beta \int (D^{\alpha+\beta}\Phi)(u, y)\, d\mu_\beta^z(u)\Big]\, d\mu_\alpha^x(y) \\
&= \sum_\beta \int \Big[\sum_\alpha (-1)^{|\alpha|} \int (D^{\alpha+\beta}\Phi)(u, y) \cdot d\mu_\alpha^x(y)\Big]\, d\mu_\beta^z(u) \\
&= \sum_\beta \int (D^\beta \Phi)(u, x)\, d\mu_\beta^z(u) = \Phi^* \Lambda_z(x)\,. \qquad (9.9)
\end{aligned}$$

Dabei wurde beim zweiten Gleichheitszeichen die Voraussetzung (9.8), beim dritten (8.10), supp $\mu_\alpha^x \subset K$ und die $\mathfrak{C}_\Phi$-Absolutstetigkeit von Λ_x, beim vierten der Satz von FUBINI und beim fünften (8.11), supp $\mu_\beta^z \subset K$ und die $\mathfrak{C}_\Phi$-Absolutstetigkeit von Λ_z benutzt.

Es wird nun gezeigt, daß der Ausdruck

$$u(x) = \sum_\alpha \int D^\alpha h(y)\, d\mu_\alpha^x(y)$$

in Ω der Differentialgleichung genügt. Einsetzen von

$$D^\alpha h(y) = \int (D^\alpha \Phi)(y, z)\, \psi(z)\, dz$$

liefert

$$\begin{aligned}
u(x) &= \sum_\alpha \int \Big[\int (D^\alpha \Phi)(y, z)\, \psi(z)\, dz\Big]\, d\mu_\alpha^x(y) \\
&= \int \psi(z) \Big[\sum_\alpha \int (D^\alpha \Phi)(y, z)\, d\mu_\alpha^x(y)\Big]\, dz \\
&= \int \psi(z)\, \Phi^* \Lambda_x(z)\, dz \\
&= \int_\Omega \psi(z)\, \Phi^* \Lambda_z(x)\, dz + \int_{R^n \setminus \Omega} \psi(z)\, \Phi(x, z)\, dz\,. \qquad (9.10)
\end{aligned}$$

Beim letzten Gleichheitszeichen wurde (9.9), (8.10) und die $\mathfrak{C}_\Phi$-Absolutstetigkeit des LEBESGUE-Maßes benutzt. Da $\Phi^* \Lambda_z(x)$ (als adjungiertes Potential mit supp $\Lambda_z \subset K$) und $\Phi(x, z)$ für $x \in \Omega$ der Differentialgleichung $\mathcal{L}[u] = 0$ genügen und in (9.10) unter dem Integralzeichen differenziert werden kann, genügt also $u(x)$ ebenfalls in Ω der Differentialgleichung.

Zum Abschluß ist noch $D^\beta u(x) = u_\beta(x)$ zu zeigen. Aus (9.10) erhalten wir

$$\begin{aligned}
D^\beta u(x) = (-1)^{|\beta|} \int_\Omega \psi(z) \Big[\sum_\alpha \int (D^{\alpha+\beta}\Phi)(y, x)\, d\mu_\alpha^z(y)\Big]\, dz \\
+ \int_{R_n \setminus \Omega} \psi(z)\, (D^\beta \Phi)(x, z)\, dz\,.
\end{aligned}$$

Eine Zwischenrechnung ergibt für $x, z \in \Omega$

$$\begin{aligned}
(-1)^{|\beta|} \sum_\alpha \int (D^{\alpha+\beta}\Phi)(y, x)\, d\mu_\alpha^z(y) &= (-1)^{|\beta|} \sum_\alpha (-1)^{|\alpha|+|\beta|} \int (D^{\alpha+\beta}\Phi)(x, y)\, d\mu_\alpha^z(y) \\
&= \sum_\alpha \int (-1)^{|\alpha|} \Big[\sum_\gamma \int (D^{\alpha+\gamma}\Phi)(u, y)\, d\mu_\gamma^{x,\beta}(u)\Big]\, d\mu_\alpha^z(y) \\
&= \sum_\gamma \int \Big[\sum_\alpha \int (-1)^{|\alpha|} (D^{\alpha+\gamma}\Phi)(u, y)\, d\mu_\alpha^z(y)\Big]\, d\mu_\gamma^{x,\beta}(u) \\
&= \sum_\gamma \int (D^\gamma \Phi)(u, z)\, d\mu_\gamma^{x,\beta}(u)\,.
\end{aligned}$$

Beim ersten Gleichheitszeichen wurde (9.8), beim zweiten (8.10), supp $\Lambda_z \subset K$ und die $\mathfrak{C}_\Phi$-Absolutstetigkeit von Λ_z, beim dritten der Satz von FUBINI, beim vierten (8.11), supp $\Lambda_{x,\beta} \subset K$ und die $\mathfrak{C}_\Phi$-Absolutstetigkeit von $\Lambda_{x,\beta}$ benutzt. Es gilt also

$$D^\beta u(x) = \int_\Omega \psi(z) \left[\sum_\gamma \int (D^\gamma \Phi)(u, z)\, d\mu_\gamma^{x,\beta}(u)\right] dz + \int_{R^n \setminus \Omega} \psi(z)\,(D^\beta \Phi)(x, z)\, dz\,. \quad (9.11)$$

Andererseits erhalten wir unter Berücksichtigung von (8.10) sowie der $\mathfrak{C}_\Phi$-Absolutstetigkeit des LEBESGUE-Maßes

$$\begin{aligned} u_\beta(x) &= \sum_\gamma \int D^\gamma h(y)\, d\mu_\gamma^{x,\beta}(y) = \sum_\gamma \int \left[\int (D^\gamma \Phi)(y, z)\, \psi(z)\, dz\right] d\mu_\gamma^{x,\beta}(y) \\ &= \int \psi(z) \left[\sum_\gamma \int (D^\gamma \Phi)(y, z)\, d\mu_\gamma^{x,\beta}(y)\right] dz \\ &= \int_\Omega \psi(z) \left[\sum_\gamma \int (D^\gamma \Phi)(y, z)\, d\mu_\gamma^{x,\beta}(y)\right] dz \\ &\quad + \int_{R^n \setminus \Omega} \psi(z)\,(D^\beta \Phi)(x, z)\, dz\,. \end{aligned}$$

Vergleich mit (9.11) liefert schließlich

$$D^\beta u(x) = u_\beta(x)\,.$$

Die Eindeutigkeit der Lösung folgt aus Bedingung I. Damit ist Satz 9.6 vollständig bewiesen □.

Bemerkung 9.8. *Aus dem Beweis von Satz* 9.6 *ist ersichtlich, daß die Bedingung* I *nur zum Beweis der Eindeutigkeit benötigt wird, da die Existenz der* $\Lambda_{x,\beta}$ *vorausgesetzt wird.*

Durch die Sätze 9.5 und 9.6 sowie Bemerkung 9.8 wird die folgende Begriffsbildung nahegelegt.

Definition 9.2. Der Kern Φ genüge der Bedingung (9.8). Das Gebiet $\Omega \subset R^n$ besitze die folgenden Eigenschaften: 1. Der Rand K sei vom Typ C_{m-1}. 2. Zu jedem $x \in \Omega$ und jedem β mit $|\beta| \leqq m - 1$ möge eine $\mathfrak{C}_\Phi$-absolutstetige, durch Balayage von $L_{x,\beta}$ erzeugte Distribution $\Lambda_{x,\beta} = \Lambda_{x,\beta}(\{\mu_\gamma^{x,\beta}\})$ der Ordnung $m - 1$ existieren. Es gelte $\|\Lambda_{x,\beta}\|_K \leqq C$ ($C > 0$ konstant) für alle x und alle β mit $|\beta| \leqq m - 1$. Ein Punkt $x_0 \in K$ heiße *regulär* bezüglich Φ, wenn für $|\beta| \leqq m - 1$ und $x_n \to x_0$ ($x_n \in \Omega$) stets $\Lambda_{x_n,\beta}$ schwach gegen $L_{x_0,\beta}$ konvergiert. Im entgegengesetzten Fall heiße x_0 *irregulär* bezüglich Φ.

Definition 9.2 ist sinnvoll, da die Distributionen $\Lambda_{x,\beta}$ nach Bemerkung 9.4 eindeutig bestimmt sind. Betreffs von Beispielen verweisen wir wieder auf § 11.

Satz 9.7. *Der Kern* Φ *genüge der Bedingung* (9.8) *und das Gebiet den Voraussetzungen der Definition* 9.2. $\dot f = \{f_\alpha\} \in W^{m-1}(K)$ *sei ein auf* K *vorgegebenes* W-TAYLOR-*Feld der Ordnung* $m - 1$. *Dann existiert eine einschließlich der partiellen Ableitungen bis zur Ordnung* $m - 1$ *in* $\overline{\Omega}$ *beschränkte Funktion* u, *die in* Ω *der Differentialgleichung* $\mathcal{L}[u] = 0$ *genügt und in allen regulären Randpunkten die Randwerte stetig annimmt, d. h.* $D^\beta u(x) \to f_\beta(x_0)$ *für alle* β *mit* $|\beta| \leqq m - 1$, *alle regulären Randpunkte* x_0 *und* $x \to x_0$ ($x \in \Omega$). *Diese Funktion* u

und ihre Ableitungen der Ordnung $\leqq m - 1$ sind gegeben durch

$$D^\beta u(x) = \sum_\alpha \int f_\alpha(y)\, d\mu_\alpha^{x,\beta}(y)\,. \tag{9.7}$$

Beweis. Dieser folgt unmittelbar aus dem Beweis zu Satz 9.6. Die Beschränktheitsaussage ist eine Konsequenz aus (9.7)$'$ und $\|\Lambda_{x,\beta}\|_K \leqq C$ □.

Die in der Einleitung zitierten modernen Methoden zum Studium des DIRICHLETschen Problems der Potentialgleichung basieren alle auf der Benutzung gewisser Ordnungskegel (z. B. positive Maße, superharmonische Funktionen). Diese Kegel sind jedoch für elliptische Differentialgleichungen höherer Ordnung unbrauchbar. Sinnvolle, d. h. der Problematik angepaßte, Verallgemeinerungen derselben sind bisher nicht bekannt. Das Wesen unserer Methode besteht darin, die linearen Beziehungen in den Vordergrund zu stellen und die Ordnungseigenschaften weitgehend außer Betracht zu lassen. Das kommt ganz besonders auch in der Definition 9.2 zum Ausdruck.

§ 10. Balayage-Prinzip und DIRICHLETsches Problem für nichtselbstadjungierte Differentialoperatoren

Von den Voraussetzungen, die am Beginn von § 8, Abschnitt 2, an den Kern Φ gemacht worden sind, soll in diesem Paragraphen der Punkt 2, d. h. die Selbstadjungiertheit des zugehörigen Differentialoperators $\mathcal{L}$, fallengelassen werden. Es zeigt sich, daß eine ganze Reihe der in den §§ 8 und 9 erzielten Ergebnisse unter Berücksichtigung gewisser Modifikationen auch für den nichtselbstadjungierten Fall gelten. Wir wollen im folgenden diese Modifikationen angeben und die Ergebnisse kurz anführen, die gültig bleiben. Dabei sollen die den Sätzen, Hilfssätzen und Bemerkungen der §§ 8 und 9 entsprechenden Aussagen, die unter Beachtung der unter Umständen etwas verschiedenen Bedeutung der Begriffe erhalten bleiben, mit einem Strich gekennzeichnet werden. Die Aussagen über das abstrakte Balayage-Prinzip sind selbstverständlich von der Selbstadjungiertheit unabhängig. Die wichtigste Eigenschaft, die im nichtselbstadjungierten Fall verlorengeht, ist die, daß die adjungierten Potentiale außerhalb des Trägers der erzeugenden Distribution nicht mehr notwendig der Differentialgleichung genügen. Aus diesem Grunde hat es nur Sinn, mit den Räumen $D_1^{m-1}(\Phi)$, ${}^\Omega D_1^{m-1}(\Phi)$ und ${}^\Omega D_1^{m-1}(\Phi; K)$ zu arbeiten. Der Unterschied in der Anwendung der allgemeinen Balayage-Theorie besteht dann lediglich darin, daß an Stelle von $X_1 = {}^\Omega D^{m-1}(\Phi)$ jetzt $X_1 = {}^\Omega D_1^{m-1}(\Phi)$ zu setzen ist. Es gilt damit Hilfssatz 8.3$'$ und

Satz 8.2$'$. *Der Rand K des Gebietes Ω sei vom Typ C_{m-1}, und Ω genüge der Bedingung I. $L_1 = L_1(\{\nu_\alpha\})$ sei eine Distribution der Ordnung $m - 1$ mit $\operatorname{supp} \nu_\alpha \subset \bar{\Omega}$. Dann existiert (mindestens) eine zweite Distribution $L_2 = L_2(\{\mu_\alpha\})$ der Ordnung $m - 1$ mit $\operatorname{supp} \mu_\alpha \subset K$, so daß für alle β mit $|\beta| \leqq m - 1$ annähernd überall auf K sowie für alle $x \in R^n \setminus \bar{\Omega}$ die Beziehungen*

$$\Phi_\beta^* L_1(x) = \Phi_\beta^* L_2(x)$$

bestehen.

Es gelten weiter Bemerkung 8.2', Satz 8.3', Satz 8.4', Satz 8.5', Hilfssatz 9.1' und Bemerkung 9.1', wenn man hier Bedingung II durch Bedingung II_1 ersetzt. Man überzeugt sich hiervon unmittelbar an Hand der entsprechenden Beweise in den §§ 8 und 9. Der Satz 9.1 nimmt (vgl. Bemerkung 9.2) folgende Gestalt an.

Satz 9.1'. *$\Omega \subset R^n$ sei ein Gebiet, welches den Bedingungen* I, *und* II_1 *genügt, und der Rand K von Ω sei vom Typ C_{m-1}. $\dot{f} = \{f_\alpha\}_{|\alpha| \leqq m-1}$ sei ein auf K definiertes W-*TAYLOR*-Feld der Ordnung $m - 1$. Dann ist das* DIRICHLET*sche Problem bezüglich Ω und $\dot{f}$ eindeutig lösbar, und für beliebiges $x \in \Omega$ besitzt die Lösung u die Darstellung*

$$u(x) = \sum_\alpha \int f_\alpha(y)\, d\mu_\alpha^x(y)\,,$$

wobei $\Lambda_x = \Lambda_x(\{\mu_\alpha^x\})$ die nach Bemerkung 9.1' *eindeutig definierte Schar ist.*

Aus dem Beweis von Satz 9.2 entnimmt man unmittelbar

Satz 9.2'. *Der Rand K des Gebietes Ω sei vom Typ C_{m-1}. Bedingung* II_1 *ist genau dann erfüllt, wenn folgendes gilt: Genügt eine Distribution $L = L(\{\mu_\alpha\})$ den Bedingungen*

1. $\operatorname{supp} \mu_\alpha \subset K$,

2. $\Phi_\beta^* L(x) = 0$ *a. ü.* in $R^n \backslash \Omega$ $(|\beta| \leqq m - 1)$,

so ist $L = 0$.

Schließlich gilt noch Satz 9.5'. In allen anderen Überlegungen von § 9 wird entscheidend die Struktur des Raumes ${}^\Omega D^{m-1}(\Phi)$ benutzt. Die Sätze 9.3, 9.4, 9.6, 9.7 und Definition 9.2 können also zunächst (zumindest im Rahmen der hier vorliegenden Methode) nicht auf den allgemeinen Fall übertragen werden.

§ 11. Beispiele

Im ersten Teil dieses Paragraphen werden die Resultate der §§ 8 und 9 durch Beispiele untermauert, im zweiten Teil wird gezeigt, in welcher Weise sich diese im Falle der Potentialgleichung noch verschärfen lassen.

1. Beispiele zu den Resultaten der §§ 8 und 9

Zunächst ein Hinweis zu den in den §§ 8 bis 10 fast durchweg gemachten Voraussetzungen. Das ist als erstes die Annahme, daß der Rand K des Gebietes Ω vom Typ C_{m-1} ist. Damit ist jedoch eine relativ große Klasse von Gebieten erfaßt. Man vergleiche hierzu § 2 oder G. GLAESER [1].

Wir geben hier ein Beispiel eines beschränkten, einfach zusammenhängenden Gebietes im R^3 an, welches einen bezüglich der Potentialgleichung irregulären Randpunkt besitzt, und zeigen, daß der Rand K dieses Gebietes für jedes l eine Menge vom Typ C_l ist.

Es sei C eine zur x_1-Achse symmetrische, geschlossene analytische Kurve in der $x_1 r$-Ebene $(r^2 = x_2^2 + x_3^2)$, die im Koordinatenursprung eine Spitze hat, sonst aber regulär und konvex ist. C liege innerhalb des Kreises $x_1^2 + r^2 = 1$ und werde vom Kreis $x_1^2 + r^2 = \frac{1}{2}$ in zwei Punkten p_1 und p_2 getroffen, deren Abszissen $> \frac{1}{2}$ sind.

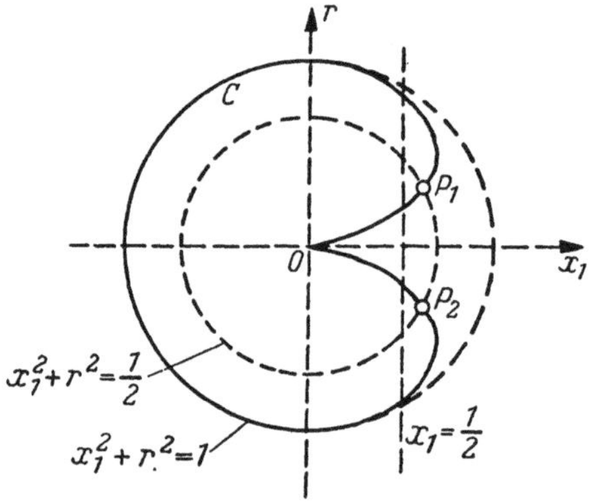

Abb. 1

Weiter setzen wir voraus, daß derjenige Bogen Γ von C, der von 0 auslaufend im ersten Quadranten bis zum Schnittpunkt mit $x_1 = \frac{1}{2}$ verläuft, durch eine Gleichung

$$\varphi(x_1) = \frac{1}{2} e^{-\frac{3}{x_1}} \left(0 < x_1 \leqq \frac{1}{2}\right), \quad \varphi(0) = 0$$

dargestellt werden kann. Wenn wir C um die x_1-Achse drehen, so entsteht im R^3 eine geschlossene Fläche K, die, außer im Nullpunkt, durchweg regulär ist und die ein beschränktes, einfach zusammenhängendes Gebiet Ω umschließt. Nach P. Urysohn [1] ist der Nullpunkt für das angegebene Gebiet ein bezüglich der Potentialgleichung irregulärer Randpunkt. Das Dirichletsche Problem besitzt in diesem Falle nicht für alle Randfunktionen eine Lösung. Die Spitze, die das Gebiet Ω besitzt, steht in enger Verwandtschaft zum sogenannten *Lebesgueschen Dorn* (vgl. R. Courant–D. Hilbert [1]). Um zu zeigen, daß der Rand K für beliebiges ganzes $l \geqq 0$ eine Menge vom Typ C_l ist, genügt es, die Regularität im Whitneyschen Sinne zu beweisen (vgl. § 2). Wir können uns darauf beschränken, den entsprechenden Sachverhalt für die Kurve C in der $x_1 r$-Ebene zu zeigen. Wegen

$$\lim_{x_1 \to 0} \varphi'(x_1) = \lim_{x_1 \to 0} \frac{3 e^{-\frac{3}{x_1}}}{2 x_1^2} = 0$$

ist die Kurve C rektifizierbar. Weiter seien $x^{(1)}$, $x^{(2)}$ zwei Punkte auf C und Δs die Länge des Bogenstückes zwischen diesen beiden Punkten (in der Orientierung von $x^{(1)}$ nach $x^{(2)}$). Dann gilt stets $\lim_{x^{(1)} \to x^{(2)}} \frac{\Delta s}{|x^{(1)} - x^{(2)}|} = 1$. Zum Beweis hierzu denken wir uns eine Parameterdarstellung $x_1 = x_1(s)$, $r = r(s)$ eingeführt. Dann ist $x^{(1)} = (x_1(s_1), r(s_1))$, $x^{(2)} = (x_1(s_2), r(s_2))$, $\Delta s = \int_{s_1}^{s_2} \sqrt{[x_1'(s)]^2 + [r'(s)]^2}\, ds$ und $|x^{(1)} - x^{(2)}| = \sqrt{[x_1(s_1) - x_1(s_2)]^2 + [r(s_1) - r(s_2)]^2}$. Aus den Mittelwertsätzen der Differential- und Integralrechnung folgt

$$\frac{\Delta s}{|x^{(1)} - x^{(2)}|} = \frac{(s_2 - s_1)\sqrt{[x_1'(\xi_1)]^2 + r'(\xi_1)]^2}}{(s_2 - s_1)\sqrt{[x_1'(\xi_2)]^2 + [r'(\xi_3)]^2}}$$

mit $\xi_1, \xi_2, \xi_3 \in [s_1, s_2]$. Auf Grund der Stetigkeit der Ableitungen x_1', r' strebt der Quotient $\frac{\Delta s}{|x^{(1)} - x^{(2)}|}$ gegen 1 für $s_1 \to s_2$. Da die Kurve C in sich geschlossen ist und damit Δs und $|x^{(1)} - x^{(2)}|$ beschränkt bleiben, folgt daraus

$$\Delta s \leqq \varrho\, |x^{(1)} - x^{(2)}| \text{ für jedes Paar } (x^{(1)}, x^{(2)}) \in C \times C$$

und eine feste Konstante $\varrho > 0$. Also ist C regulär im Sinne von H. Whitney und damit für beliebiges l vom Typ C_l.

Eine Menge, die nur aus endlich vielen Punkten besteht, ist ebenfalls für alle l vom Typ C_l. Der Beweis dafür folgt unmittelbar aus der Definition der Mengen vom Typ C_l, da man die Äquivalenz der Normen durch elementare Abschätzung direkt nachrechnen kann. Eine weitere häufig wiederkehrende Voraussetzung ist die Bedingung I. Diesbezüglich verweisen wir nochmals auf C. Miranda [2] und S. Agmon [2].

Als Beispiel für die vorliegende Theorie wollen wir im folgenden die polyharmonische Differentialgleichung

$$\Delta^m u = 0$$

betrachten. Die Struktur des Kernes Φ kann man in diesem Falle den Ausführungen in § 3, Abschnitt 2, entnehmen. Nach Hilfssatz 3.2 gilt für $n = 2$ die in § 6 geforderte Eigenschaft des Kernes, der Operator $\mathcal{L} = \Delta^m$ ist formal selbstadjungiert, und nach Hilfssatz 3.1 ist sogar die Bedingung (9.8) erfüllt. Es bezeichne Ω im folgenden das Innere der Kugel mit dem Radius r_0 und dem Mittelpunkt im Ursprung des Koordinatensystems. Ω genügt der Bedingung I, und der Rand K ist für beliebiges ganzes $m \geqq 1$ eine Menge vom Typ C_{m-1}. Die für die Kugel nach bekannten klassischen Ergebnissen stets existierende und eindeutig bestimmte Lösung des Dirichletschen Problems besitzt für $x \in \Omega$ eine Darstellung der Form

$$u(x) = \sum_\alpha \int f_\alpha(y)\, d\mu_\alpha^x(y) = \sum_\alpha \int_K f_\alpha(y)\, \varrho_\alpha(x, y)\, d\sigma(y) \qquad (11.1)$$

(vgl. H. Bremekamp [1], S. 310 bzw. S. 318 und R. J. Duffin u. Z. Nehari [1], S. 115). Dabei sind $\varrho_\alpha(x, y)$ bei festem $y \in K$ bezüglich $x \in \Omega$ beliebig oft differenzierbare Funktionen. $d\sigma$ ist das Lebesguesche Oberflächenmaß. Für

$m = n = 2$ zum Beispiel hat (11.1) die folgende Gestalt (vgl. A. N. TYCHONOFF, A. A. SAMARSKI [1], S. 389):

$$u(x) = \int_0^{2\pi} f_0(y) \frac{(r^2 - r_0^2)^2 [r_0 - r\cos(\varphi - \alpha)]}{2\pi r_0^2 [r^2 + r_0^2 - 2 r r_0 \cos(\varphi - \alpha)]^2} r_0 \, d\varphi(y)$$

$$- \int_0^{2\pi} f_1(y) \frac{(r^2 - r_0^2)^2 \cos\varphi}{4\pi r_0^2 [r^2 + r_0^2 - 2 r r_0 \cos(\varphi - \alpha)]} r_0 \, d\varphi(y)$$

$$- \int_0^{2\pi} f_2(y) \frac{(r^2 - r_0^2)^2 \sin\varphi}{4\pi r_0^2 [r^2 + r_0^2 - 2 r r_0 \cos(\varphi - \alpha)]} r_0 \, d\varphi(y) .$$

Hierbei bedeutet $x = (x_1, x_2)$ einen Punkt aus Ω, $y = (y_1, y_2)$ den laufenden Punkt auf K und $x_1 = r\cos\alpha$, $x_2 = r\sin\alpha$, $y_1 = r_0\cos\varphi$, $y_2 = r_0 \sin\varphi$ die Polarkoordinatendarstellung der Punkte x und y. Wir setzen

$$\varrho_\alpha^\beta(x, y) = D^\beta \varrho_\alpha(x, y) \quad (|\beta| \leqq m - 1) \tag{11.2}$$

(Differentiation bezüglich $x \in \Omega$) und

$$d\mu_\alpha^{x,\beta}(y) = \varrho_\alpha^\beta(x, y)\, d\sigma(y) , \quad \Lambda_{x,\beta} = \Lambda_{x,\beta}(\{\mu_\alpha^{x,\beta}\}) \quad (|\beta| \leqq m - 1) .$$

Hilfssatz 11.1. *Die Distributionen $\Lambda_{x,\beta}$ sind durch Balayage von $L_{x,\beta}$ auf K erzeugt.*

Beweis. Nach Bemerkung 8.2 ist

$$D^\beta g(x) = \sum_\alpha \int D^\alpha g(y)\, d\mu_\alpha^{x,\beta}(y)$$

für alle $g \in {}^\Omega D^{m-1}(\Phi)$ zu zeigen. Für $|\beta| = 0$ folgt dies sofort aus (11.1) wegen $g \in C^{m-1}(\overline{\Omega})$. Aus der für $|\beta| = 0$ gültigen Beziehung

$$g(x) = \sum_\alpha \int D^\alpha g(y)\, \varrho_\alpha(x, y)\, d\sigma(y)$$

ergibt sich durch (wegen der Beschaffenheit der Funktionen $\varrho_\alpha(x, y)$ erlaubte) Differentiation beider Seiten nach x

$$D^\beta g(x) = \sum_\alpha \int D^\alpha g(y)\, \varrho_\alpha^\beta(x, y)\, d\sigma(y) = \Lambda_{x,\beta}(g) \;\square .$$

Auf Grund der Gestalt der Maße $\mu_\alpha^{x,\beta}$ folgt nach den klassischen Sätzen der Potentialtheorie (vgl. N. M. GÜNTER [1]) $(\mu_\alpha^{x,\beta})^+ \in F^+(\Phi_P)$, $(\mu_\alpha^{x,\beta})^- \in F^+(\Phi_P)$ und nach Hilfssatz 5.3 damit $(\mu_\alpha^{x,\beta})^+ \in F^+(\Phi)$, $(\mu_\alpha^{x,\beta})^- \in F^+(\Phi)$. Deshalb kann die Bemerkung 9.7 herangezogen werden, und es ergibt sich, daß für die Kugelsphäre bezüglich der polyharmonischen Gleichung die Bedingung II erfüllt ist. Die Distributionen $\Lambda_{x,\beta}$ sind also in diesem Falle nicht nur innerhalb der Klasse der $\mathfrak{C}_\Phi$-absolutstetigen, sondern sogar in der Klasse aller Distributionen L der Ordnung $m - 1$ mit $\operatorname{supp} L \subset K$ eindeutig bestimmt. Insbesondere folgt aus Bemerkung 9.1 $\|\Lambda_{x,\beta}\|_K \leqq k$ ($k > 0$ konstant) unabhängig von x und β.

Offensichtlich sind für die soeben betrachteten Maße $\mu_\alpha^{x,\beta}$ die Voraussetzungen von Satz 8.5 erfüllt. Ist also $L_1 = L_1(\{\nu_\alpha\})$ eine Distribution der Ordnung $m - 1$ mit $\operatorname{supp} \nu_\alpha \subset \Omega$, so gewinnt man die (wegen des Erfülltseins der Bedingung II) eindeutig bestimmte, durch Balayage von L_1 auf K erzeugte Distribution $L_2 = L_2(\{\mu_\alpha\})$ aus der Beziehung

$$\mu_\alpha = \sum_\gamma \int \mu_\alpha^{x,\gamma} \, d\nu_\gamma \, .$$

Wegen (11.2) sind die Maße μ_α durch Dichten $\varrho_{\mu_\alpha}(y)$ darstellbar, und zwar

$$\varrho_{\mu_\alpha}(y) = \sum_\gamma \int \varrho_\alpha^\gamma(x, y) \, d\nu_\gamma(x) \, .$$

Es dürfte lediglich eine Frage des technischen Aufwandes sein, auch für allgemeinere Gebiete mit glatten Rändern die angegebenen Tatsachen zu beweisen. Dies übersteigt jedoch den Rahmen dieser Arbeit.

Es sollen nun Beispiele von Gebieten Ω angegeben werden, für welche die Bedingung II nicht erfüllt ist. Dabei betrachten wir einen allgemeinen selbstadjungierten elliptischen Differentialoperator mit konstanten Koeffizienten.

Satz 11.1. *Der Kern Φ genüge den Voraussetzungen von § 8, Abschnitt 2, $\Omega \subset R^n$ sei ein Gebiet, welches der Bedingung* I *genügt und dessen Rand K vom Typ C_{m-1} ist. Es sei weiter x ein fester Punkt aus Ω. Dann ist für das Gebiet $\Omega' = \Omega \setminus \{x\}$ die Bedingung* II *nicht erfüllt, d. h., es gilt $\overline{{}^{\Omega}D^{m-1}(\Phi; K')} \neq W^{m-1}(K')$ mit $K' = K \cup \{x\}$.*

Beweis. Wir zeigen, daß eine Distribution $L = L(\{\mu_\alpha\}) \neq 0$ der Ordnung $m - 1$ mit $\operatorname{supp} L \subset K'$ existiert, für welche

$$\Phi_\beta^* L(x) = 0 \text{ a. ü. in } R^n \setminus \Omega'$$

und

$$\Phi_\beta L(x) = 0 \text{ a. ü. in } R^n \setminus \Omega'$$

gilt für alle β mit $|\beta| \leqq m - 1$. Da K' vom Typ C_{m-1} ist (vgl. § 2 und die Ausführungen am Beginn dieses Abschnittes), kann dann Satz 9.2 angewandt werden und Satz 11.1 ist bewiesen. Eine Distribution mit den gewünschten Eigenschaften erhalten wir jedoch sofort, indem wir $\mu_\alpha = \mu_\alpha^x$ für $|\alpha| \neq 0$ und $\mu_\alpha = \mu_\alpha^x - \delta_x$ für $|\alpha| = 0$ setzen, wobei $\Lambda_x = \Lambda_x(\{\mu_\alpha^x\})$ eine durch Balayage von L_x auf K erzeugte Distribution bezeichnet. (8.10) und (8.11) liefert dann (für $|\gamma| = 0$) die obigen Beziehungen. Offensichtlich ist $L \neq 0$.

Weiter konstruieren wir Beispiele von Gebieten mit (im Sinne von Definition 9.2) irregulären Randpunkten.

Satz 11.2. *Das Gebiet $\Omega \subset R^n$ und der Kern Φ mögen den Voraussetzungen von Definition 9.2 genügen. Es sei $x_0 \in \Omega$. Dann genügt das Gebiet $\Omega' = \Omega \setminus \{x_0\}$ denselben Voraussetzungen, und der Punkt x_0 ist als Randpunkt von Ω' irregulär bezüglich Φ. Dieser Sachverhalt liegt also zum Beispiel dann vor, wenn Ω das Innere einer Kugel und Φ der Kern der polyharmonischen Differentialgleichung ist.*

Beweis. Da die Menge $\{x_0\}$ eine Menge der Kapazität Null ist, können die $\mathfrak{C}_\Phi$-absolutstetigen Distributionen $\Lambda_{x,\beta} = \Lambda_{x,\beta}(\{\mu_\alpha^{x,\beta}\})$ $(x \in \Omega')$ wegen $\operatorname{supp} \Lambda_{x,\beta} \subset K$

und $K \subset K'$ als durch Balayage von $L_{x,\beta}$ auf K' erzeugt betrachtet werden. Offensichtlich gilt wegen supp $\Lambda_{x,\beta} \subset K$

$$||\Lambda_{x,\beta}||_{K'} = ||\Lambda_{x,\beta}||_K \leqq C$$

für alle $x \subset \Omega'$ und alle β mit $|\beta| \leqq m - 1$. Da weiter mit K auch $K' = K \cup \{x_0\}$ vom Typ C_{m-1} ist, sind alle Bedingungen der Definition 9.2 erfüllt. Nun genügt für ein beliebiges W-Taylor-Feld $\dot{f} \in W^{m-1}(K')$ der Ausdruck $u(x) = \Lambda_x(\dot{f})$ auf Grund der Konstruktion von Λ_x und Satz 9.7 in Ω der Differentialgleichung $\mathcal{L}[u] = 0$, und für $|\beta| \leqq m - 1$ gilt $\Lambda_{x,\beta}(\dot{f}) = D^\beta u(x)$. Da die Funktionen $D^\beta u(x)$ im Punkte $x = x_0$ stetig sind, gilt also $\Lambda_{x,\beta}(\dot{f}) \to \Lambda_{x_0,\beta}(\dot{f})$ für alle $\dot{f} \in W^{m-1}(K')$ und alle β mit $|\beta| \leqq m - 1$, falls $x \to x_0$, d. h., $\Lambda_{x,\beta}$ konvergiert schwach gegen $\Lambda_{x_0,\beta} \neq L_{x_0,\beta}$. Nach Definition 9.2 ist damit x_0 ein irregulärer Randpunkt von Ω' □.

Aus dem Beweis von Satz 11.2 ist unmittelbar ersichtlich, wie man ganz entsprechend Gebiete mit endlich vielen irregulären Randpunkten erhalten kann, wenn man an Stelle der einpunktigen Menge $\{x_0\}$ eine endliche Menge aus Ω herausnimmt. Im Falle der Kugel ist jeder Punkt der Oberfläche regulär, während ein isolierter Punkt x_0 im Innern irregulär ist.

2. Die Potentialgleichung $\Delta u = 0$

Wir gehen nun zur Betrachtung des speziellen Falles über, daß Φ der Kern der Potentialgleichung ist, d. h.

$$\Phi(x, y) = \Phi_P(x, y) .$$

Wir beschränken uns natürlich hier zur Illustration der Ergebnisse der vorliegenden Arbeit auf die Angabe einiger Tatsachen. Im Falle der Potentialgleichung ist $m = 1$. Da jede beliebige kompakte Menge vom Typ C_0 ist (vgl. § 2), braucht diese Voraussetzung hier nicht explizit gemacht zu werden. Dasselbe gilt für die Bedingung I, die auf Grund des Maximum-Minimum-Prinzips der Potentialgleichung für beliebige offene, beschränkte und zusammenhängende Mengen gilt. Und zwar besteht für alle in Ω harmonischen und bis an den Rand stetigen Funktionen u die Ungleichung $\sup_{x \in \Omega} |u(x)| \leqq \sup_{x \in K} |u(x)|$. Der Satz 8.2, d. h. das Balayage-Prinzip, besteht also für beliebige Gebiete Ω. Wegen $\Phi_P(x, y) = \Phi_P(y, x)$ und $m = 1$ reduzieren sich die Beziehungen (8.4) und (8.5) natürlich auf eine einzige. Zu jedem Maß ν mit supp $\nu \subset \overline{\Phi}$ existiert also ein Maß μ mit supp $\mu \subset K$ und

$$\Phi_P\, \mu(x) = \Phi_P\, \nu(x) \text{ a. ü. auf } K \tag{11.3}$$

und für alle $x \in R^n \backslash \overline{\Omega}$. Darüber hinaus kann hier folgendes bewiesen werden (vgl. zum Beispiel N. S. Landkoff [1], S. 258 u. S. 311). Falls $\nu \geqq 0$ und die Einschränkung von ν auf K $\mathfrak{C}_{\Phi_P}$-absolutstetig ist, so existiert genau ein positives und $\mathfrak{C}_{\Phi_P}$-absolutstetiges Maß μ mit supp $\mu \subset K$, welches (11.3) genügt. Es ist $||\mu|| = ||\nu||$. Folglich existiert eine Schar positiver, $\mathfrak{C}_{\Phi_P}$-absolutstetiger Maße μ^x mit $||\mu^x|| = 1$, die durch Balayage von δ_x $(x \in \Omega)$ erzeugt werden. Das sind gerade die sogenannten *harmonischen Maße*, aus denen man in der bekannten Weise die Lösung des Dirichletschen Problems gewinnt.

Satz 11.3. *$\Omega \subset R^n$ sei eine offene, beschränkte und zusammenhängende Teilmenge des R^n und K der Rand von Ω. (μ^x) $(x \in \Omega)$ sei die eindeutig existierende Schar positiver, $\mathfrak{C}_{\Phi_P}$-absolutstetiger Maße, die durch Balayage von δ_x erzeugt sind. Dann sind folgende Aussagen äquivalent:*

a) *Für alle $y \in R^n \backslash \Omega$ und alle $x \in \Omega$ gilt*

$$\Phi_P\, \delta_x(y) = \Phi_P\, \mu^x(y)\,.$$

b) *Es ist die Bedingung* II *erfüllt.*

c) *Das* DIRICHLET*sche Problem ist eindeutig lösbar, und die Lösung ist in der Form*

$$u(x) = \int f(y)\, d\mu^x(y) \tag{11.4}$$

darstellbar, wobei f die auf K vorgegebenen Randwerte bezeichnet.

d) *Für jeden Randpunkt $x_0 \in K$ konvergiert μ^x für $x \to x_0$ schwach gegen δ_{x_0}.*

Beweis. Die Beweise für a) $\Rightarrow$ b), b) $\Rightarrow$ c) und d) $\Rightarrow$ c) sind in den Beweisen von Satz 9.4, Satz 9.1 und Satz 9.6 enthalten. Wir zeigen noch c) $\Rightarrow$ a) und c) $\Rightarrow$ d), womit dann alles bewiesen ist. Es sei $h(x)$ eine in Ω harmonische Funktion, die bis an den Rand stetig ist. Dann gilt nach (11.4)

$$h(x) = \int h(y)\, d\mu^x(y)\,. \tag{11.5}$$

Nun sei $\omega(x)$ eine in $\overline{\Omega}$ definierte, in Ω harmonische und auf dem Rand K nach unten halbstetige Funktion. $\omega(y)$ kann auf K durch eine monoton wachsende Folge stetiger Funktionen $\omega_n(y)$ approximiert werden. Auf Grund der vorausgesetzten Lösbarkeit des DIRICHLETschen Problems existieren in Ω harmonische Funktionen $\omega_n(x)$, welche die Randwerte $\omega_n(y)$ stetig annehmen und für die nach (11.5)

$$\omega_n(x) = \int \omega_n(y)\, d\mu^x(y)$$

gilt.

Aus dem Maximum-Minimum-Prinzip und dem HARNACKschen Satz über monotone Folgen harmonischer Funktionen ergibt sich leicht (vgl. N. S. LANDKOFF [1], S. 274), daß $\omega_n(x)$ in Ω gegen $\omega(x)$ konvergiert. Andererseits gilt

$$\int \omega_n(y)\, d\mu^x(y) \to \int \omega(y)\, d\mu^x(y)\,,$$

d. h., es ist

$$\omega(x) = \int \omega(y)\, d\mu^x(y)\,.$$

In diese Formel können wir für festes $y \in R^n \backslash \Omega$ speziell $\omega_y(x) = |x - y|^{2-n}$ $(n \geqq 3)$ einsetzen. Damit ergibt sich

$$\Phi_P\, \delta_x(y) = \Phi_P\, \mu^x(y)$$

für alle $y \in R^n \backslash \Omega$ und alle $x \in \Omega$. Entsprechendes gilt für $n = 2$. Damit ist c) $\Rightarrow$ a) bewiesen. c) $\Rightarrow$ d) folgt sofort aus (11.4) und der Bemerkung, daß für beliebige Randwerte $f \in C(K) = W^0(K)$ wegen der Lösbarkeit des DIRICHLETschen Problems stets $u(x) \to f(x_0)$ für $x \to x_0 \in K$ gilt $\square$.

Der Satz 11.3 ist nicht neu. Bezüglich der Äquivalenzen a) $\Leftrightarrow$ c) und d) $\Leftrightarrow$ c) vergleiche man N. S. LANDKOFF [1], bezüglich b) $\Leftrightarrow$ c) G. ANGER [1]. Wegen a) $\Leftrightarrow$ c) sei auch auf M. BRELOT [1] verwiesen.

Wir kommen jetzt zum Begriff des irregulären Randpunktes. Dieser wird in der Literatur meist in folgender Weise eingeführt. Man definiert zunächst die GREEN*sche Funktion*

$$G(x, y) = \Phi_P\, \delta_x(y) - \Phi_P\, \mu^x(y)\,.$$

Nach Definition gilt für festes $x \in \Omega$

$$G(x, y) = 0 \text{ für } y \in R^n \backslash \overline{\Omega}$$

und

$$G(x, y) = 0 \text{ a. ü. auf } K\,.$$

Man kann beweisen (vgl. zum Beispiel N. S. LANDKOFF [1], S. 286), daß aus $G(x, y) = 0$ für ein festes $x \in \Omega$ und ein festes $y \in K$ für beliebiges $x \in \Omega$ und dasselbe y $G(x, y) = 0$ folgt. Man nennt nun einen Punkt $y \in K$ irregulär bezüglich Φ_P, wenn für diesen $G(x, y) \neq 0$ gilt. Zur Äquivalenz dieser Definition mit der Definition 9.2 verweisen wir auf N. S. LANDKOFF [1]. Aus der Einführung der irregulären Randpunkte mit Hilfe der GREENschen Funktionen folgt sofort

Bemerkung 11.1. *Die Aussagen a) bis d) in Satz* 11.3 *sind der folgenden äquivalent:*

e) *Der Rand K besteht nur aus regulären Randpunkten.*

Weiterhin ergibt sich unmittelbar, daß die Menge der irregulären Randpunkte eine Menge der Kapazität Null bildet (Satz von KELLOGG-EVANS, vgl. M. BRELOT [1] oder N. S. LANDKOFF [1], S. 288). Daraus wiederum geht hervor, daß der Satz 9.7 für die Potentialgleichung gerade die sogenannte WIENERsche Lösung des verallgemeinerten DIRICHLETschen Problems liefert. Ohne weitere Voraussetzungen an das Gebiet Ω wird beliebig vorgegebenen stetigen Randwerten eine in Ω harmonische Funktion zugeordnet, die mit Ausnahme höchstens einer Menge der Kapazität Null die vorgeschriebenen Randwerte stetig annimmt. In allen regulären Randpunkten werden die Randwerte stets angenommen. Man kann beweisen (vgl. N. S. LANDKOFF [1], S. 298/299), daß diese sogenannte WIENERsche Lösung eindeutig bestimmt ist. Von N. WIENER [1] wurde diese jedoch auf anderem Wege gefunden.

§ 12. Balayage-Prinzip und DIRICHLETsches Problem bei linearen elliptischen Differentialgleichungen mit variablen Koeffizienten

Analog der Kapazitätstheorie in § 7 läßt sich (unter allerdings sehr einschneidenden Voraussetzungen an $\mathcal{L}$) auch die Balayage-Theorie und das DIRICHLETsche Problem im Kleinen studieren. Wir knüpfen hier an die Bezeichnungen und Begriffe von § 7 an und machen für das Weitere die folgenden Voraussetzungen:

1. Im Falle $n = 2$ genüge bei festem $y \in U$ und variablem $x \in X_i \cap U$ die Funktion $\psi_i^{\alpha, y}(x_i) = (D^\alpha \Phi)(x, y)$ für $|\alpha| \leqq 2m - 3$, alle $y \in U$ und alle $x \in X_i \cap U$, $a = (a_1, a_2) \in X_i \cap U$ der Beziehung

$$(D^\alpha \Phi)(x, y) = (D^\alpha \Phi)(a, y) + \int_{a_i}^{x_i} D_{\xi_i}(D^\alpha \Phi)(\xi, y)\, d\xi_i\,.$$

Dabei ist ξ der Integrationspunkt mit der variablen Koordinate ξ_i $(i = 1, 2)$ und $D_{\xi_i} = \frac{\partial}{\partial \xi_i}$.

2. a) Für $|\alpha| \leqq m - 1$ mögen die Kerne $(D^\alpha \Phi)(x, y)$ bei festem $y \in U$ bezüglich $x \in U$ der Differentialgleichung $\mathscr{L}[u] = 0$ genügen.

 b) Für $|\alpha| \leqq m - 1$ mögen die Kerne $(D^\alpha \Phi)(x, y)$ bei festem $x \in U$ bezüglich $y \in U$ der Differentialgleichung $\mathscr{L}[u] = 0$ genügen.

3. Es gelte

$$(D^\alpha \Phi)(x, y) = (-1)^{|\alpha|} (D^\alpha \Phi)(y, x) \quad \text{für} \quad |\alpha| \leqq 2m - 2 .$$

Aus 2a) bzw. 2b) folgt, daß die Potentiale

$$(D^\alpha \Phi)\mu(x) = \int (D^\alpha \Phi)(x, y)\, d\mu(y) \quad \text{bzw.} \quad (D^\alpha \Phi)^* \mu(x) = \int (D^\alpha \Phi)(y, x)\, d\mu(y)$$

bezüglich eines Maßes μ mit $\operatorname{supp} \mu \subset U$ in $U \backslash \operatorname{supp} \mu$ ebenfalls Lösungen der Differentialgleichung sind. Es ist sehr schwierig, explizit Beispiele von elliptischen Differentialgleichungen mit nicht konstanten Koeffizienten anzugeben, für welche alle diese Bedingungen erfüllt sind, da hierzu eine genaue Kenntnis der Fundamentallösungen erforderlich ist. Wenn wir mit $F_*^+(\Phi; U)$ die Menge aller derjenigen positiven Maße λ mit kompakten Träger $\operatorname{supp} \lambda \subset U$ bezeichnen, für welche die Funktionen $\int (D^\alpha \Phi)^+ (y, x)\, d\lambda(y)$ und $\int (D^\alpha \Phi)^- (y, x)\, d\lambda(y)$ für $|\alpha| \leqq 2m - 2$ in U stetig sind und für die im Falle $n \geqq 3$ $\lambda(X_i) = 0$ für alle Geraden X_i gilt, so folgt aus Voraussetzung 3 sofort $F_*^+(\Phi; U) = F^+(\Phi; U)$. Deshalb ist es sinnvoll, die folgenden Bezeichnungen einzuführen:

$$F(\Phi; U) = \{\lambda = \lambda_1 - \lambda_2, \lambda_1 \in F^+(\Phi; U), \lambda_2 \in F^+(\Phi; U)\},$$

$$H(\Phi; U) = \{\Phi\lambda(x) = \int \Phi(x, y)\, d\lambda(y), \lambda \in F(\Phi; U)\},$$

$$H^*(\Phi; U) = \{\Phi^*\lambda(x) = \int \Phi(y, x)\, d\lambda(y), \lambda \in F(\Phi; U)\},$$

$$H_0^*(\Phi; U) = \{h \in H^*(\Phi; U), \operatorname{supp} h \text{ kompakt}\}.$$

Satz 12.1. *Der Raum $H_0^*(\Phi; U)$ ist bezüglich der Topologie der gleichmäßigen Konvergenz im Raum $C_0^k(U)$ $(0 \leqq k \leqq 2m - 2)$ dicht. Genauer: Zu beliebigem $f \in C_0^k(U)$ und $\varepsilon > 0$ existiert ein $h \in H_0^*(\Phi; U)$ mit*

$$\sum_\alpha \sup_{x \in R^n} |D^\alpha f(x) - D^\alpha h(x)| < \varepsilon .$$

Das Potential h kann so gewählt werden, daß es einen kompakten Träger besitzt, der in einer beliebig vorgebbaren, in U liegenden Umgebung von $\operatorname{supp} f$ enthalten ist.

Der Beweis ist derselbe wie der Beweis zu Bemerkung 8.1. Man hat nur die Beziehung (7.1) zu verwenden.

Nunmehr werden ganz entsprechend § 8 die folgenden Bezeichnungen eingeführt:

$$\mathfrak{F}(\Phi; U) = \{L = L(\{\lambda_\alpha\}), \lambda_\alpha \in F(\Phi; U)\},$$

$$D_1^{m-1}(\Phi; U) = \{\Phi L, L \in \mathfrak{F}(\Phi; U)\},$$

$$D_2^{m-1}(\Phi; U) = \{\Phi^* L, L \in \mathfrak{F}(\Phi; U)\},$$

$$D^{m-1}(\Phi; U) = \{g = \alpha_1 g_1 + \alpha_2 g_2, g_1 \in D_1^{m-1}(\Phi; U), g_2 \in D_2^{m-1}(\Phi; U)\}.$$

Für eine offene, zusammenhängende Teilmenge $\Omega \subset U$ sei weiter

$$^{\Omega}F(\Phi; U) = \{\lambda \in F(\Phi; U), \operatorname{supp} \lambda \subset U \setminus \Omega\}$$

und analog § 8 ·

$$^{\Omega}\mathfrak{F}(\Phi; U), {}^{\Omega}D_1^{m-1}(\Phi; U), {}^{\Omega}D_2^{m-1}(\Phi; U), {}^{\Omega}D^{m-1}(\Phi; U) .$$

Für den Rand K von Ω seien

$$^{\Omega}D_1^{m-1}(\Phi; U; K), \quad {}^{\Omega}D_2^{m-1}(\Phi; U; K) \quad \text{und} \quad {}^{\Omega}D^{m-1}(\Phi; U; K)$$

die Vektorräume der Einschränkungen von

$$^{\Omega}D_1^{m-1}(\Phi; U), \quad {}^{\Omega}D_2^{m-1}(\Phi; U) \quad \text{und} \quad {}^{\Omega}D^{m-1}(\Phi; U) \quad \text{auf} \quad K .$$

Wegen Satz 12.1 ist der Raum $D_2^{m-1}(\Phi; U)$ und damit $D^{m-1}(\Phi; U)$ in dem dort angegebenen Sinne dicht im Raum $C_0^{m-1}(U)$.

Weil die Koeffizienten der Differentialgleichung nach Voraussetzung in U analytisch sind, ist nach C. MIRANDA [2] und S. AGMON [2] für die betrachteten Gebiete $\Omega \subset U$, unter Ausschluß der Gebiete mit Eigenfunktionen, bei genügend glattem Rand die Bedingung I erfüllt. Da für genügend kleines Ω keine Eigenfunktionen auftreten können, ist die angegebene Einschränkung bei hinreichend kleinem U sogar überflüssig. Zur Anwendung der Balayage-Theorie wählen wir eine konvexe Menge $K_0 \subset U$ und betrachten nur Gebiete $\Omega \subset K_0$. Wir setzen $K^* = K_0 \setminus \Omega$, $X = C^{m-1}(K_0)$, $X_1 = {}^{\Omega}D^{m-1}(\Phi; U)$, $X_2 = J^{m-1}(K^*) \subset C^{m-1}(K_0)$ und $X_0 = X_1 + X_2$. Es gilt dann Satz 8.2. Man hat nur U an Stelle R^n zu setzen. Der Beweis ist analog. Dasselbe gilt von Bemerkung 8.2. Es ist dabei zu beachten, daß wegen der eingangs gemachten Voraussetzung 3 für $g \in {}^{\Omega}D_2^{m-1}(\Phi; U)$

$$g(x) = \sum_{\beta} \int (D^{\beta}\Phi)(y, x)\, d\lambda_{\beta}(y) = \sum_{\beta} \int (-1)^{|\beta|} (D^{\beta}\Phi)(x, y)\, d\lambda_{\beta}(y)$$

und damit

$$\begin{aligned} D^{\alpha}g(x) &= \sum_{\beta} \int (-1)^{|\beta|} (D^{\alpha+\beta}\Phi)(x, y)\, d\lambda_{\beta}(y) \\ &= (-1)^{|\alpha|} \sum_{\beta} \int (D^{\alpha+\beta}\Phi)(y, x)\, d\lambda_{\beta}(y) \end{aligned}$$

gilt.

Unter Berücksichtigung derselben Tatsache sowie von Satz 12.1 kann anstatt Satz 8.3 der folgende, Bemerkung 8.3 entsprechende Sachverhalt bewiesen werden.

Satz 12.2. *Das Potential $\Phi_0 L$ ist durch die Distribution L der Ordnung $m - 1$ mit* supp $L \subset U$ *in U annähernd überall eindeutig bestimmt, ist also in diesem Sinne unabhängig von der speziellen Darstellung durch Maße μ_α. In demselben Sinne ist auch die Zuordnung $L \to \Phi_0 L$ umkehrbar eindeutig.*

Die weiteren Resultate von § 8 gelten sinngemäß ohne Einschränkungen. Dasselbe gilt auch von den Definitionen und Ergebnissen des § 9. Hierbei sind jedoch einige Bemerkungen zu den Beweisen der Sätze 9.3, 9.4 und 9.6 zu machen. Zunächst kann die Herleitung der Formel (9.5) so modifiziert werden, daß sich dabei die Beziehung

$$\Phi_0 L_{\mu}(x) = \sum_{\alpha} \int \Phi_{\alpha} L_{\mu}(y)\, d\mu_{\alpha}^{x}(y) \tag{12.1}$$

ergibt. Man geht dabei von

$$\sum_\beta (-1)^{|\beta|} \int G_\beta^*(x, z)\, d\mu_\beta(z) = 0$$

aus und führt dieselbe Rechnung durch.

Der Beweis von Satz 9.3 läßt sich dann folgendermaßen führen: Mit den entsprechenden Bezeichnungen von § 9 gilt

$$\Phi_\alpha L_2(x) = 0 \text{ a. ü. auf } K \text{ und für alle } x \in U \backslash \bar{\Omega}\, (|\alpha| \leqq m - 1)\,.$$

Einsetzen in (12.1) liefert $\Phi_0 L_2(x) = 0$ für alle $x \in \Omega$. Damit ist $\Phi_0 L = 0$ a. ü. in U und nach Satz 12.2 $L_2 = 0$ □.

In Satz 9.4 hat man (8.5) durch (8.4) zu ersetzen. Dann erhält man (vgl. Bemerkung 9.6)

$$0 = \sum_\beta \int \Phi_\beta L(y)\, d\mu_\beta^x(y) = \Phi_0 L(x) \quad \text{für} \quad x \in \Omega$$

und durch entsprechende Anwendung von Satz 12.2 $L = 0$, womit sogar Bedingung II_2 nachgewiesen ist.

Schließlich muß noch der Beweis zu Satz 9.6 dahingehend modifiziert werden, daß wir als in $W^{m-1}(K)$ dichte Menge E nach Satz 12.1 hier den Raum aller auf K eingeschränkten Funktionen der Gestalt

$$h(y) = \int \Phi(z, y)\, \mathcal{L}^*[\varphi]\,(z) = \int \Phi(z, y)\, \psi(z)\, dz \;(\varphi \in C_0^\infty(U))$$

verwenden müssen, d. h. einen Raum adjungierter Potentiale. Hier eine kurze Skizze der entsprechenden Rechnungen. Mit

$$D^\alpha h(y) = (-1)^{|\alpha|} \int (D^\alpha \Phi)\,(z, y)\, \psi(z)\, dz \qquad \text{(vgl. Vorauss. 3)}$$

gilt

$$u(x) = \sum_\alpha \int D^\alpha h(y)\, d\mu_\alpha^x(y) = \int \psi(z) \left[\sum_\alpha \int (-1)^{|\alpha|} (D^\alpha \Phi)\,(z, y)\, d\mu_\alpha^x(y)\right] dz$$
$$= \int_\Omega \Phi_0 \Lambda_x(z)\, \psi(z)\, dz + \int_{U \backslash \Omega} \Phi(z, x)\, \psi(z)\, dz\,.$$

Völlig analog dem Beweis zu Satz 9.6 kann für $x, z \in \Omega$ die Gültigkeit von

$$\Phi_0 \Lambda_x(z) = \Phi_0 \Lambda_z(x) \tag{12.2}$$

und

$$\sum_\alpha \int (-1)^{|\alpha|} (D^{\alpha+\beta} \Phi)\,(x, y)\, d\mu_\alpha^z(y) = \sum_\gamma \int (-1)^{|\gamma|} (D^\gamma \Phi)\,(z, u)\, d\mu_\gamma^{x,\beta}(u) \tag{12.3}$$

nachgerechnet werden. Aus (12.2) folgt, daß $u(x)$ in Ω der Differentialgleichung genügt, und aus (12.3) ergibt sich

$$D^\beta u(x) = \int_\Omega \psi(z) \left[\sum_\alpha \int (-1)^{|\alpha|} (D^{\alpha+\beta} \Phi)\,(x, y)\, d\mu_\alpha^z(y)\right] dz$$
$$+ (-1)^{|\beta|} \int_{U \backslash \Omega} (D^\beta \Phi)\,(z, x)\, \psi(z)\, dz$$
$$= \int_\Omega \psi(z) \left[\sum_\gamma \int (-1)^{|\gamma|} (D^\gamma \Phi)\,(z, u)\, d\mu_\gamma^{x,\beta}(u)\right] dz$$
$$+ (-1)^{|\beta|} \int_{U \backslash \Omega} (D^\beta \Phi)\,(z, x)\, \psi(z)\, dz\,.$$

Andererseits gilt

$$
\begin{aligned}
u_\beta(x) &= \sum_\gamma \int D^\gamma h(y)\, d\mu_\gamma^{x,\beta}(y) \\
&= \int_\Omega \psi(z) \left[\sum_\gamma \int (-1)^{|\gamma|} (D^\gamma \Phi)(z, y)\, d\mu_\gamma^{x,\beta}(y)\right] dz \\
&\quad + (-1)^{|\beta|} \int_{U\setminus\Omega} (D^\beta \Phi)(z, x)\, \psi(z)\, dz\,,
\end{aligned}
$$

d. h. $D^\beta u(x) = u_\beta(x)$. Alle übrigen Gedankengänge sind dieselben wie in § 9 $\square$.

Wir wollen nun zum Abschluß anführen, welche Ergebnisse noch gelten, falls die am Beginn dieses Paragraphen gemachte Voraussetzung 2b) weggelassen wird. Mit Ausnahme der Tatsache, daß man nicht die Dichtheit von $H(\Phi; U)$ in $C_0^{m-1}(U)$ zur Verfügung hat, liegt dann prinzipiell dieselbe Situation wie in § 10 vor. Es gelten also sinngemäß alle Aussagen von § 10, mit Ausnahme derer, für deren Beweis diese Dichtheit benötigt wird. Diese Ausnahmen sind die folgenden.

In Satz 8.2 (gemäß der Formulierung von Satz 8.2') kann nicht supp $\mu_\alpha \subset K$, sondern nur supp $\mu_\alpha \subset K^* = K_0 \setminus \Omega$ bewiesen werden. Speziell für $L_1 = L_{x,\gamma}$ $(x \in \Omega,\ |\gamma| \leqq m-1)$ existieren jedoch durch Balayage erzeugte Distributionen $\Lambda_{x,\gamma} = \Lambda_{x,\gamma}(\{\mu_\alpha^{x,\gamma}\})$ mit supp $\mu_\alpha^{x,\gamma} \subset K$. Das ergibt sich wie folgt. Wegen $L_{x,\gamma}(g) = D^\gamma g(x)$ und Bedingung I besteht für alle $g \in {}^\Omega D_1^{m-1}(\Phi; U)$ die Ungleichung

$$
|L_{x,\gamma}(g)| \leqq k \sum_\alpha \sup_{y \in K} |D^\alpha g(y)|\,.
$$

Nach Satz 8.4 (genauer Satz 8.4') folgt daraus die Behauptung. Schließlich gilt von Satz 8.3 nur der erste Teil der Behauptung. Die umkehrbare Eindeutigkeit der Zuordnung $L \to \Phi^* L$ läßt sich ohne die Gültigkeit der obigen Dichtheit nicht beweisen.

§ 13. Offene Fragestellungen

In diesem letzten Abschnitt sollen die wichtigsten offenen Problemstellungen, die sich aus der Arbeit ergeben, kurz zusammengestellt werden. Die Reihenfolge lehnt sich an das Auftreten der jeweiligen Fragestellung in der Arbeit an.

1. Es sind äquivalente geometrische bzw. analytische Charakterisierungen der Mengen vom Typ C_l anzugeben. Darüber hinaus ist es wünschenswert, übersichtliche hinreichende Bedingungen dafür zu beweisen, daß eine Menge vom Typ C_l ist.
2. Hilfssatz 3.1 ist für allgemeinere Kerne zu beweisen, bzw. es ist diejenige Klasse von Differentialoperatoren zu charakterisieren, für die die Eigenschaft (9.8) richtig ist. Kann man unter Umständen auf die Voraussetzung (9.8) ganz verzichten?
3. Man beweise den Hilfssatz 3.2 im Falle $n = 2$ für beliebige Kerne.
4. Folgt für $n \geqq 3$ die Zusatzbedingung $\lambda(X_i) = 0$ in der Definition der Maße $\lambda \in F^+(\Phi)$ stets automatisch aus den übrigen Bedingungen?

5. Man beweise $F^+(\Phi_P) \subset F^+(\Phi)$ für $n > 3$ gerade und $F^+(\Phi) \subset F^+(\Phi_P)$ für Operatoren, deren Kern nicht die Gestalt $\mathcal{L} = \Delta\mathcal{L}_1$ hat.
6. Die in Bedingung I formulierten Abschätzungen (8.3) sind für eine möglichst allgemeine Klasse von Gebieten zu beweisen.
7. Es sind äquivalente Charakterisierungen der in Definition 9.2 eingeführten regulären und irregulären Randpunkte anzugeben. Ist die Menge der irregulären Randpunkte stets eine Menge der Kapazität Null?
8. Man beweise, daß die Lösung u in Satz 9.7 eindeutig bestimmt ist.
9. Man kann vermuten, daß unter den Voraussetzungen

   a) Ω genügt der Bedingung I,

   b) der Rand K von Ω ist vom Typ C_{m-1},

   c) der Differentialoperator ist selbstadjungiert und genügt der Bedingung (9.8)

   die folgenden Aussagen äquivalent sind:

   (I) Das Dirichletsche Problem ist eindeutig lösbar, und es gelten die Integraldarstellungen (9.7).

   (II) Es gilt die Bedingung II (vgl. Satz 9.1).

   (III) Es existiert eine Schar $\mathfrak{C}_\Phi$-absolutstetiger, durch Balayage von $L_{x,y}$ auf K erzeugter Distributionen, für die in (8.10) und (8.11) auf K überall die Gleichheit vorliegt (vgl. Satz 9.4).

   (IV) Es gelten die Bedingungen von Satz 9.6.

   Man beweise diese Vermutung.
10. Die Ergebnisse von § 9 sind auf den nichtselbstadjungierten Fall zu übertragen.
11. Es sind die Gebiete Ω zu charakterisieren, für welche die Bedingung II erfüllt ist.
12. Die Aussagen von Satz 11.1 und Satz 11.2 sind zum Beispiel für das am Beginn von § 11 eingeführte Gebiet zu beweisen.
13. Für welche Klasse linearer (nicht notwendig elliptischer) Differentialoperatoren läßt sich in ähnlicher Weise eine Kapazitätstheorie entwickeln (vgl. etwa G. Anger [7])?

LITERATURVERZEICHNIS

AGMON, S.: [1] Lectures on elliptic boundary value problems. Princeton–New Jersey–New York–Toronto–London 1965.

— [2] Maximum theorems for solutions of higher order elliptic equations. Bull. Am. math. Soc. **66**, 77–80 (1960).

AGMON, S., DOUGLIS, A. and NIRENBERG, L.: [1] Estimates near the boundary for solutions of elliptic differential equations satisfying general boundary conditions. Comm. pure applied math. **12**, 623–727 (1959).

ANGER, G.: [1] Stetige Potentiale und deren Verwendung für einen Neuaufbau der Potentialtheorie. Dissertation. Techn. Hochschule Dresden, 1957.

— [2] Sur le rôle des potentiels continues dans les fondements de la théorie du potentiel. Séminaire de théorie du potentiel, 2e année 1957/58, Institut H. Poincaré, Université de Paris.

— [3] Ein funktionalanalytischer Aufbau der Potentialtheorie. Wiss. Z. Techn. Hochschule Dresden **8**, 679–685 (1958/59).

— [4] Balayage-Prinzip und stetige Projektionen. Wiss. Z. Techn. Univ. Dresden **11**, 417–426 (1962).

— [5] Funktionalanalytische Betrachtungen bei Differentialgleichungen unter Verwendung von Methoden der Potentialtheorie. I. Berlin 1966.

— [6] Über die Approximation durch stetige Potentiale. Math. Nachr. **32**, 327–340 (1966).

— [7] Eine allgemeine Kerntheorie. I. S^p-Kerne. Math. Nachr. **37**, 153–176 (1968).

ANGER, G. und WILDENHAIN, G.: [1] Ein Kapazitätsbegriff für gewöhnliche Differentialgleichungen. Wiss. Z. Techn. Univ. Dresden **12**, 471–480 (1963).

AUMANN, G.: [1] Reelle Funktionen. Berlin–Göttingen–Heidelberg 1954.

BAUER, H.: [1] Harmonische Räume und ihre Potentialtheorie (Lecture notes in Mathematics, Bd. 22). Berlin–Heidelberg–New York 1966.

BEREZANSKIJ, J. M.: [1] Entwicklung nach Eigenfunktionen selbstadjungierter Operatoren (in russisch). Kiew 1965.

BERS, L. and SCHECHTER, M.: [1] Elliptic equations. Lectures in applied mathematics, vol. III. Partial differential equations. New York–London–Sydney 1964.

BOURBAKI, N.: [1] Intégration, chap. I–IV. Paris 1953.

BRELOT, M.: [1] Eléments de la théorie classique du potentiel. Cours de Sorbonne, Centre de Documentation Universitaire 1959.

— [2] Axiomatique des fonctions harmoniques. Séminaire de Mathématiques Supérieures Ex. 14, Les Presses de l'Université de Montréal 1966.

BREMEKAMP, H.: [1] Over het bestaan der oplossing van $\Delta^k u = 0$, die met haar $k - 1$ eerste normale afgeleiden gegeven waarden aanneemt in de punten van een gegeven gesloten kromme. I–III. Indag. Math. **8**, 82–90, 171–187 (1946).

BROWDER, F. E.: [1] Assumption of boundary values and the Green's function in the Dirichlet problem for the general linear elliptic equation. Proc. Nat. Acad. Sci. USA **39**, 179–184 (1953).

BROWDER, F. E., [2] The Dirichlet and vibration problems for linear elliptic differential equations of arbitrary order. Proc. Nat. Acad. Sci. USA **38**, 741—747 (1952).

CHOQUET, G.: [1] Theory of capacities. Ann. Inst. Fourier **5**, 131—295 (1953/54).

COURANT, R. and HILBERT, D.: [1] Methods of mathematical physics, II. New York–London 1962.

DUFFIN, R. J. and HEHARI, Z.: [1] Note on polyharmonic functions. Proc. Amer. math. Soc. **12**, 110—115 (1961).

EHRENPREIS, L.: [1] Solutions of some problems of division. I: Am. J. Math. **76**, 883—903 (1954).
II: **77**, 286—292 (1955). III: **78**, 685—715 (1956).
IV: **82**, 522—588 (1960).

EVANS, G. C.: [1] Potentials of positive mass. I. Trans. Amer. math. Soc. **37**, 226—253 (1935).

FROSTMAN, O.: [1] Potentiel d'équilibre et capacité des ensembles. Meddel. Lunds Univ. mat. Sem. 3 (1935).

FUGLEDS, B.: [1] On the theory of potentials in locally compact spaces. Acta math. **103**, 139—215 (1960).

GARDING, L.: [1] Dirichlets problem for linear elliptic partial differential equations. Math. Scand. **1**, 55—72 (1953).

GELFAND, I. M. und SCHILOW, G. E.: [1] Verallgemeinerte Funktionen (Distributionen) I. (Übersetzung aus dem Russischen). Berlin 1960.

— [2] Verallgemeinerte Funktionen (Distributionen) II. (Übersetzung aus dem Russischen). Berlin 1962.

GLAESER, G.: [1] Ètude de quelques algèbres tayloriénnes. J. Analyse Math. **6**, 1—124 (1958).

GÜNTER, N. M.: [1] Die Potentialtheorie und ihre Anwendungen auf Grundprobleme der mathematischen Physik. (Übersetzung aus dem Russischen). Leipzig 1957.

HERVÉ, R. M.: [1] Recherches axiomatiques sur la théorie des fonctions surharmoniques et harmoniques. Ann. Inst. Fourier **12**, 415—571 (1962).

HÖRMANDER, L.: [1] Linear partial differential operators. Berlin–Göttingen–Heidelberg 1963.

JOHN, F.: [1] The fundamental solution of linear elliptic differential equations with analytic coefficients. Comm. pure applied math. **3**, 273—304 (1950).

— [2] Plane waves and spherical means applied to partial differential equations. New York 1955.

KELLOGG, O. D.: [1] Foundations of potential theory. New York 1953.

KÖTHE, G.: [1] Topologische lineare Räume. Berlin–Göttingen–Heidelberg 1960.

LANDKOFF, N. S.: [1] Grundlagen der modernen Potentialtheorie (in russisch). Moskau 1966.

LIONS, J. L.: [1] Équations differentielles operationelles et problèmes aux limites. Berlin–Göttingen–Heidelberg 1961.

MALGRANGE, B.: [1] Existence et approximation des solutions des équations aux dérivées partielles et des équations de convolution. Ann. Inst. Fourier Grenoble **6**, 271—355 (1955/56).

MAURIN, K.: [1] Hilbertraum-Methoden (in russisch). Moskau 1965.

MEINHOLD, P.: [1] Allgemeine Betrachtungen über das Balayage-Prinzip. Dissertation, Techn. Univ. Dresden, 1963.

- [2] Über ein verallgemeinertes Balayage-Prinzip. Wiss. Z. Techn. Univ. Dresden **12**, 1597—1600 (1963).

MILGRAM, A. N.: [1] Parabolic equations. Lectures in applied mathematics, vol. III. Partial differential equations. New York–London–Sydney 1964.

MIRANDA, C.: [1] Formule di maggiorazione e teorema di esistenza per le funzioni biarmoniche di due variabili. Giorn. Math. Battaglini **78**, 97—118 (1949).

MIRANDA, C.: [2] Teorema del massimo modulo e teorema di esistenza e di unicita per il problema di Dirichlet relativo alle equazioni ellittiche in due variabili. Ann. Math. Pura Appl. **46**, 265—311 (1958).

NATANSON, I. P.: [1] Theorie der Funktionen einer reellen Veränderlichen. (Übersetzung aus dem Russischen). Berlin 1954.

NIRENBERG, L.: [1] Remarks on strongly elliptic partial differential equations. Comm. pure appl. math. **8**, 649—675 (1955).

RIESZ, F. und NAGY, B. Sz.: [1] Vorlesungen über Funktionalanalysis. Berlin 1956.

RIESZ, M.: [1] Intégrales de Riemann-Liouville et potentiels. Acta Sci. math. **9**, 1—42 (1938).

SCHWARTZ, L.: [1] Theorie des distributions I, 2. Aufl., Paris 1957.

SOBOLEW, S. L.: [1] Einige Anwendungen der Funktionalanalysis auf Gleichungen der mathematischen Physik. Berlin 1964.

STAMPACCHIA, G.: [1] Le problème de Dirichlet pour les équations elliptiques du second ordre à coefficients discontinues. Ann. Inst. Fourier **15**, 189—258 (1965).

TRÈVES, F.: [1] Opérateurs différentiels hypoelliptiques. Ann. Inst. Fourier **9**, 1—73 (1959).

TYCHONOFF, A. N. und SAMARSKI, A. A.: Differentialgleichungen der mathematischen Physik. Berlin 1959.

URYSOHN, P.: [1] Zur ersten Randwertaufgabe der Potentialtheorie. Ein Fall der Unlösbarkeit. Math. Zeitschr. **23**, 155—158 (1925).

DE LA VALLÉE POUSSIN, CH.-J.: [1] Le potentiel logarithmique. Balayage et représentation conforme. Paris 1949.

WHITNEY, H.: [1] Analytic extensions of differentiable functions defined on closed sets. Trans. Amer. math. Soc. **36**, 63—89 (1934).

— [2] Functions differentiable on the boundary of regions. Annals of Math. **35** (1934).

WIENER, N.: [1] The Dirichlet problem. J. Math. Physics **3**, 127—146 (1924).

WILDENHAIN, G.: [1] Räume m-mal stetig differenzierbarer Funktionen I. Wiss. Z. Techn. Univ. Dresden **12**, 559—564 (1963).

— [2] Räume m-mal stetig differenzierbarer Funktionen II. Wiss. Z. Techn. Univ. Dresden **12**, 877—881 (1963).

— [3] Anwendung von Räumen stetig differenzierbarer Funktionen für potentialtheoretische Betrachtungen bei einigen Typen linearer elliptischer Differentialgleichungen. Dissertation, Techn. Univ. Dresden, 1964.

— [4] Potentialtheoretische Betrachtungen bei der Bipotentialgleichung. Math. Annalen **161**, 1—23 (1965).

— [5] Anwendung eines Approximationssatzes für stetig differenzierbare Funktionen auf die Bipotentialgleichung. Math. Nachr. **31**, 137—152 (1966).

— [6] Über einen Kapazitätsbegriff bei der Differentialgleichung $\Delta^m u = 0$. Math. Zeitschr. **96**, 125—142 (1967).

— [7] Über das Dirichletsche Problem bei der Bipotentialgleichung. Math. Annalen **175**, 189—206 (1968).

— [8] Kapazitätsbegriff und Dirichletsches Problem bei der Differentialgleichung $\Delta^m u = 0$. Tagungsbericht „Probleme und Methoden der Mathematischen Physik", Karl-Marx-Stadt 1966.

— [9] Eine Charakterisierung von Mengen der Kapazität Null in R^1. Math. Nachr. **32**, 269—275 (1966).

— [10] Ein eindimensionales Modell der Potentialtheorie. Math. Nachr. **33**, 1—24 (1967).

— [11] Über Distributionen endlicher Ordnung. I. Darstellungsformeln. Math. Nachr. **35**, 339—348 (1967).

— [12] Über Distributionen endlicher Ordnung. II. Eine Bemerkung zu einer Arbeit von M. S. Agranowitsch über lineare Differentialgleichungen mit konstanten Koeffizienten. Math. Nachr. **36**, 39—47 (1968).

— [13] Über Distributionen endlicher Ordnung. III. Einige Eigenschaften biharmonischer Potentiale. Math. Nachr. **37**, 27—36 (1968).

SYMBOLVERZEICHNIS

SACHVERZEICHNIS